国家职业教育智能焊接技术专业
教学资源库配套教材

焊条电弧焊

第2版

主　编　侯　勇　文仲波（企业）
副主编　章友谊　李　明
参　编　杜　娟　李东亮　李慧林　李　欣　江　辉
　　　　蒋文娟　张　翔　肖　宏
主　审　惠媛媛　孔建伟（企业）

机械工业出版社
CHINA MACHINE PRESS

本书是在国家职业教育智能焊接技术专业教学资源库配套教材《焊条电弧焊》的基础上，依据2020年教育部及其他部门颁布的《职业教育提质培优行动计划》，根据全国23所国家示范（骨干）高职院校多年的教学需求，遵照现行的国家标准和行业职业技能鉴定规范修订而成的。本书采用项目任务式体例编写，便于项目化教学。本书内容编排从理论到实践，从简单到复杂，从平、横、立、仰位置到复杂位置焊接接头操作，项目任务由浅入深，“岗课赛证”良好融通。本书注重以立德树人为根本，书中“关键技术点拨”“安全小贴士”“榜样的故事”等栏目旨在培养职业素养、激发读者对焊接技术的热爱，树立工匠意识，胸怀报国情怀。

本书采用双色印刷。为了便于读者学习和领会技能，将任务及重要技能制成微课和技能视频，以二维码的形式插入相应正文中。

本书可作为应用型本科以及各类职业院校焊接专业的教材，也可作为企业职工焊条电弧焊技能培训教材。

本书为读者配套网络课程，读者可登录教学资源库网站http://hzhj.36ve.com访问标准化课程“焊条电弧焊”，或登录中国大学MOOC网站https://www.icourse163.org/访问国家精品课程“焊条电弧焊技术与操作”，两门课程配有电子课件、电子教案、视频、动画、微课等丰富的教学资源。

图书在版编目（CIP）数据

焊条电弧焊 / 侯勇，文仲波主编. --2 版. -- 北京：机械工业出版社，2024. 10. --（国家职业教育智能焊接技术专业教学资源库配套教材）. -- ISBN 978-7-111-76865-4

Ⅰ. TG444

中国国家版本馆 CIP 数据核字第 2024Y2B854 号

机械工业出版社（北京市百万庄大街 22 号　邮政编码 100037）

策划编辑：于奇慧　　责任编辑：于奇慧

责任校对：肖　琳　宋　安　　封面设计：鞠　杨

责任印制：郜　敏

中煤（北京）印务有限公司印刷

2024 年 12 月第 2 版第 1 次印刷

184mm × 260mm · 12.25 印张 · 310 千字

标准书号：ISBN 978-7-111-76865-4

定价：45.00 元

电话服务　　网络服务

客服电话：010-88361066　机　工　官　网：www.cmpbook.com

010-88379833　机　工　官　博：weibo.com/cmp1952

010-68326294　金　书　网：www.golden-book.com

封底无防伪标均为盗版　机工教育服务网：www.cmpedu.com

国家职业教育智能焊接技术专业
教学资源库配套教材编审委员会

总序

跨入21世纪，我国的职业教育经历了职教发展史上的黄金时期。经过了“百所示范院校”和“百所骨干院校”，涌现出一批优秀教师和优秀的教学成果。与此同时，以互联网技术为代表的各类信息技术飞速发展，它带动其他技术的发展，改变了世界的形态，甚至人们的生活习惯。网络学习，成为一种新的学习形态。职业教育专业教学资源库的出现，是适应技术与发展需要的结果。通过职业教育专业教学资源库建设，借助信息技术手段，实现全国甚至是世界范围内的教学资源共享。更重要的是，以资源库建设为抓手，适应时代发展，促进教育教学改革，提高教学效果，实现教师队伍教育教学能力的提升。

2015年，职业教育国家级焊接技术与自动化专业（现为智能焊接技术专业）资源库建设项目通过教育部审批立项。全国的焊接专业从此有了一个统一的教学资源平台。智能焊接技术专业资源库由哈尔滨职业技术学院（现为哈尔滨职业技术大学）、常州工程职业技术学院和四川工程职业技术学院（现为四川工程职业技术大学）三所院校牵头建设，在此基础上，项目组联合了48所大专院校，其中有国家示范（骨干）高职院校23所，绝大多数院校均有主持或参与前期专业资源库建设和国家精品资源课及精品共享课程建设的经验。参与建设的行业、企业在我国相关领域均具有重要影响力。这些院校和企业遍布于我国东北地区、西北地区、华北地区、西南地区、华南地区、华东地区、华中地区的26个省、自治区、直辖市。对全国省、自治区、直辖市的覆盖程度达到81.2%。三所牵头院校与联盟院校包头职业技术学院、承德石油高等专科学校（现为河北石油职业技术大学）、渤海船舶职业技术学院作为核心建设单位，共同承担了12门焊接专业核心课程的开发与建设工作。

智能焊接技术专业资源库建设了“焊条电弧焊”“金属材料焊接工艺”“熔化极气体保护焊”“焊接无损检测”“焊接结构生产”“特种焊接技术”“焊接自动化技术”“焊接生产管理”“先进焊接与连接”“非熔化极气体保护焊”“焊接工艺评定”“切割技术”共12门专业核心课程。课程资源包括课程标准、教学设计、教材、教学课件、教学录像、习题与试题库、任务工单、课程评价方案、技术资料和参考资料、图片、文档、音频、视频、动画、虚拟仿真、企业案例及其他资源等。其中，新型立体化教材是其中重要的建设成果。与传统教材相比，本套教材采用了全新的课程体系，加入了焊接技术最新的发展成果。

焊接行业、企业及学校三方联动，针对“书是书、网是网”，课本与资源库毫无关联的情况，开发互联网+资源库的特色教材，为教材设计相应的动态及虚拟互动资源，弥补纸质教材图文呈现方式的不足，进行互动测验的个性化学习，不仅使学生提高了学习兴趣，而且拓展了学习途径。在专业课程体系及核心课程建设小组指导下，由行业专家、企业技术人员和专业教师共同组建核心课程资源开发团队，融入国际标准、国家标准和焊接行业标准，共同开发课程标准，与机械工业出版社共同统筹规划了特色教材和相关课程资源。本套新型的焊接专业课程教材，充分利用了互联网平台技术，教师使用本套教材，结合焊接技术与自动化网络平台，可以掌握学生的学习进程、效果与反馈，及时调整教学进程，显著提升教学效果。

教学资源库正在改变当前职业教育的教学形式，并且还将继续改变职业教育的未来。随着信息技术和教学手段不断发展和完善，教学资源库将会以全新的形态呈现在广大学习者面前，本套教材也会随着资源库的建设发展而不断完善。

教学资源库配套教材编审委员会

前言

本书是在国家职业教育智能焊接技术专业教学资源库配套教材《焊条电弧焊》的基础上修订的。本书通过参与焊接专业教学资源库建设的23所国家示范（骨干）高职院校多年的教学使用，已经能较好地适应应用型本科、高等职业院校智能焊接技术专业的教学需求，曾获国家资源库建设优秀教材。

本书按照项目任务式体例编写，便于项目化教学。除焊条电弧焊必备的理论知识外，实作训练项目按照由简单到复杂的认知规律，从平、横、立、仰位置到复杂位置焊接接头操作。项目任务由浅入深，引导学习者循序渐进地不断提高焊条电弧焊操作技能。在每个实训任务中，对每道工艺步骤都进行了详细的分析和诠释，对操作技能采用图文并茂的形式进行。为便于学习者掌握，特别针对重要技能配套了微课及操作技能视频，学习者可以通过扫描二维码实现在线学习。在每个实训任务中，采集编入了企业专家在多年实践中总结提炼出来的绝技绝活，以帮助学习者领悟和提升技能水平。“安全小贴士”将安全文明理念穿插在每个项目中，以加强学习者的安全文明意识，让学习者从开始学习技能起就养成良好的职业习惯，树立良好的职业道德，成为真正的“职业人”。“榜样的故事”将“中国高技能人才楷模”“全国技术能手”“大国工匠”等焊接高技能人才的故事编入其中，以激发学习者对焊接技术的热爱，树立工匠意识，胸怀报国情怀，领悟做人、做事的道理，以达到“教书”和“育人”的双重目的。

本书在第1版的基础上，主要从以下几个方面进行了修订：丰富了部分实训项目任务；理论及实训任务新增配套了微课视频资源；每个单元（任务）后增加了学习过程记录卡、评分表等内容。

本书与智能焊接技术专业教学资源库标准化课程“焊条电弧焊”、国家精品在线课程“焊条电弧焊技术与操作”内容有机融合，包含微课、视频、动画、文本、图表等立体化资源，是数字化、自主学习型创新教材。本书与焊接专业教学资源库中的各类资源共同构成了服务资源库教学应用的立体化资源，“岗课赛证”良好融通。

全书共七个项目，由四川工程职业技术大学侯勇教授、东方汽轮机有限公司焊接培训站文仲波高级技师任主编，四川工程职业技术大学章友谊教授、李明副教授任副主编，由西安航空职业技术学院惠媛媛教授、东方锅炉股份有限公司孔建伟高级技师主审。侯勇负责整体策划、设计，并编写项目一知识单元1.7、项目二采集“安全小贴士”及“榜样的故事”，项目一知识单元1.1~知识单元1.6由李明、李欣编写，项目三由李慧林、江辉编写，项目四由李东亮、蒋文娟编写，项目五由章友谊、张翔编写，项目六由文仲波、肖宏编写，项目七由侯勇、杜娟编写。

本书在编写过程中，参阅了相关同类教材、书籍，得到了兄弟院校及企业的大力支持。特别邀请校企专家惠媛媛教授、孔建伟高级技师担任主审。在此谨向所有参考文献的作者及关心支持本书编写的同仁们表示衷心感谢！

编　者

目录

绪　论

焊条电弧焊是最常用的熔焊方法之一。焊条电弧焊设备简单、操作方便灵活、应用范围广，特别适合于形状复杂结构件的焊接。因此，焊条电弧焊在焊接生产中占据着重要地位，起着非常重要的作用。

一、焊条电弧焊基本原理

焊条电弧焊是利用焊条与焊件之间建立起来的稳定燃烧的电弧，使焊条和焊件局部熔化，从而结合成牢固焊接接头的工艺方法，其原理示意图如图 0-1 所示。

在焊件与焊条两电极之间的气体介质中持续强烈的放电现象称为电弧，电弧是焊接过程的热源。焊条电弧焊焊接低碳钢或低合金钢时，电弧中心部分的温度为 6000 ~ 8000℃，两电极的温度可达为 2400 ~ 2600℃。焊接过程中，焊条与焊件之间燃烧产生的电弧热熔化焊条端部和焊件的接缝部位，焊条端部迅速熔化的金属以细小熔滴经弧柱过渡到已经熔化的金属中，并与其熔合在一起形成熔池。药皮在电弧高温作用下燃烧，产生保护气体，同时形成熔渣，保护焊接熔池和凝固的焊缝金属不受大气的污染，所形成的焊渣壳有助于改善焊缝成形，使其形成光滑平整的焊缝表面。药皮在熔化过程中，对熔化金属产生脱氧还原作用，使其形成致密的焊缝金属。

微课：
焊条电弧焊概述

二、焊条电弧焊的优缺点

1. 焊条电弧焊的优点

（1）设备简单、维护方便　焊条电弧焊可用交流电焊机或直流电焊机进行焊接，这些设备都比较简单，投资少，而且维护方便。

（2）操作灵活、适应性强　焊条电弧焊只要配备焊接电源、焊钳和足够长的焊接电缆即可进行焊接作业。由于焊接电源可任意移动，焊接场地不受限制，凡是焊条能够达到的地方均能进行焊接。尤其是体积小、重量轻的弧焊电源被发明以后，更提高了焊条电弧焊的机动灵活性，大大方便了现场施工和高空焊接作业。

（3）待焊接头装配要求低　由于焊接过程由焊工手工控制，可以适时调整电弧位置和运条姿势，修正焊接参数，以保证跟踪接缝和均匀熔透。因此，对焊接接头的装配精度要求相对降低。

图 0-1　焊条电弧焊的原理示意图

1—焊件　2—焊缝　3—熔池　4—熔滴　5—电弧　6—焊芯　7—药皮　8—焊钳　9—保护气体　10—熔渣　11—焊渣

（4）应用范围广　选用合适的焊条不仅可以焊接碳钢、合金钢、非铁金属等同种金属，而且可以焊接异种金属。还可在普通碳钢上堆焊具有耐磨、耐蚀等特殊性能的材料，在造船、锅炉及压力容器、机械制造、化工设备等行业中得到广泛应用。

2. 焊条电弧焊的缺点

（1）对焊工要求高　焊条电弧焊的焊接质量除了与焊条、焊接参数选择、焊接设备有关外，主要依靠焊工的操作技术和经验保证。在相同的工艺条件下，操作技术高、经验丰富的焊工能焊出外形美观、内部质量优良的焊缝；而操作技术低、没有经验的焊工就难以焊出符合要求的焊缝。

（2）劳动条件差　焊条电弧焊主要依靠焊工的手工操作控制焊接的全过程，在整个焊接过程中，焊工处在手脑并用、精力高度集中的状态。施焊时焊工受到高温烘烤，并处于有毒、有害的环境中，工作环境恶劣，因此在工作中焊工必须加强劳动保护。

（3）生产率低　焊条电弧焊是手工劳动，辅助时间较多，如更换焊条、清理焊渣、打磨焊缝等，焊接材料利用率不高，熔敷效率较低，难以实现机械化和自动化，导致生产率较低。

三、焊条电弧焊的应用

在现代工业生产中，焊接技术的应用已扩展到各种机床结构、车辆结构、矿山和工程机械结构、起重机结构和航空航天工程结构制造中。这些制造行业的崛起与工业现代化密不可分，焊接自动化进程相对较快。但对于一些特殊部件和场合，如建筑结构、输油输气管线、大型液化气储罐、锅炉、压力容器（图 0-2、图 0-3）等结构的安装制造过程，仍有相当一部分工作量由焊条电弧焊来完成，焊条电弧焊仍占有相当大的比率。

a)

b)

图 0-2　建筑结构桁架和跨国输油输气管线制造

a)

b)

图 0-3　大型液化气储罐和压力容器制造

四、本书的学习内容和学习方法

本书是针对国家焊接教学资源库焊接专业培养目标编写的一本介绍焊条电弧焊理论及其操作的专业课教材。本书的学习内容和学习方法简介如下。

1. 本书的学习内容与学习要求

(1) 学习内容

1) 焊条电弧焊基础理论知识。

2) 焊条电弧焊操作基本技能。

3) 焊条电弧焊平、横、立、仰操作技能。

4) 焊条电弧焊拓展技能。

焊条电弧焊实作技能的培养需要相关理论知识的支撑，以及长时间的训练和积累才能完成，本书按照由简单到复杂的认知规律，在介绍必备理论知识的同时，重点从引弧、运条等基本方法，到平、横、立、仰位置以及复杂位置接头操作要领进行介绍，引导学习者由浅入深、循序渐进地不断提高焊条电弧焊操作技能。在相关实训任务中，以“关键技术点拨”采集、编入了企业专家在多年实践中总结出来的焊接技能绝招和精粹，以帮助学习者领悟并快速提升技能水平。以“榜样的故事”将“中国高技能人才楷模”“大国工匠”等焊接高技能人才的业绩和故事展现给学习者，以激发学习者对技能和技术的学习热情，树立良好的职业精神，培养伟大的报国情怀。

(2) 学习要求

1) 掌握焊条电弧焊必备的理论知识。

2) 掌握焊条电弧焊基本操作技能。

3) 掌握焊条电弧焊平、横、立、仰各位置操作技能。

4) 掌握焊条电弧焊拓展操作技能。

通过对本书的学习和领悟，并坚持长期的实践操作，达到《焊工国家职业技能标准》初级、中级或高级技能水平，同时培养良好的职业素养和职业精神。

2. 对本书学习方法的建议

本书是焊接专业的专业课配套教材，相关课程是一门实践性很强的课程，因此学习本书必须要与实践环节相配合，在书本学习、观看微课视频、技能视频的同时，更要加强实际训练，并将学习笔记、心得体会、感知感悟记录下来。每个任务练习完成后，进行自检、互检、专检，勤于实践、善于总结，不断领悟与摸索实际操作经验，是提升焊条电弧焊操作技能的有效方法。

教师在教学时可以按照“平、横、立、仰”焊接位置的编排顺序进行实训指导，也可以按照接头方式，将板对接、板角接、管管对接、管板组合等项目进行组合，灵活教学。

项目一 焊条电弧焊基础认知

项目导入

若技能操作缺乏理论知识支撑，则技能人才无法做到高端。重视理论知识的学习，是每一个学习者都必须面对的问题，要知其然更要知其所以然。理论学习也是焊工职业技能发展必须经历的一个过程，在焊工技能等级认定中，除了实作考核外，也会涉及不同层次的理论考核。

学习目标

1. 掌握焊条电弧焊材料熔化及焊缝成形的基本知识。
2. 掌握焊条的选择与使用。
3. 掌握焊条电弧焊焊接参数的设定。
4. 能识别各种焊接缺陷，并能进行检查。
5. 掌握焊条电弧焊常用设备特性及安装调试。
6. 了解焊条电弧焊常用工具。
7. 了解焊工从业上岗及等级证书相关知识。
8. 了解焊接生产安全的相关知识。

项目实施

本项目共分为7个知识单元，分别从材料、工艺方法、缺陷检测、设备、工具、人员、安全生产等方面对焊条电弧焊相关的理论知识进行简单介绍，读者可以分单元进行系统学习。

知识单元 1.1　材料熔化及焊缝成形

一、焊条及母材的熔化

微课：
焊条及母材的熔化

焊条电弧焊时，焊条的末端在电弧的高温作用下受热熔化，形成的熔滴通过电弧空间向熔池转移的过程称为熔滴过渡。焊条形成的熔滴作为填充金属与熔化的母材共同形成焊缝。因此，焊条的加热、熔化及熔滴过渡将对焊接过程和焊缝质量产生直接的影响。

1. 焊条的加热与熔化

（1）焊条加热、熔化的热源　焊条电弧焊时，加热并熔化焊条的热源主要有电阻热和电弧热。

1）电阻热。当电流在焊条上通过时，将产生电阻热。电阻热的大小取决于焊条的长度、电流密度和金属的电阻率。电阻热 Q_R 的大小可表示为

$$Q_R = I^2 R_s \tag{1-1}$$

$$R_s = \rho L_s / S \tag{1-2}$$

式中　Q_R——电阻热；

I——电流；

R_s——焊条的电阻；

ρ——焊条金属的电阻率；

L_s——焊条的长度；

S——焊条的横截面积。

由式（1-1）、式（1-2）可以看出，若焊条长度越长、焊条直径越小、电流越大、电阻率越高，则电阻热越大。

2）电弧热。两极区的产热功率与焊接电流成正比，当焊接电流、被焊材料相同时，焊条作为阴极的产热功率比作为阳极的产热功率多。电弧产生的热量仅有一部分用来熔化焊条，而大部分热量用来熔化母材，还有相当一部分的热量消耗在辐射、飞溅和母材传热上。

（2）焊条的熔化　焊条金属受到电阻热和电弧热加热后，便开始熔化。衡量焊条熔化的主要指标是熔化速度，即单位时间内焊条的熔化长度或质量。焊条的熔化速度主要取决于焊接电流的大小。由于电阻热对焊条强烈的预热作用，使焊条后半部分的熔化速度比前半部分要快20%～30%。影响熔化速度的因素主要有以下几个方面。

1）电流：电流越大，熔化速度越快。

2）电压：较长弧长范围内，电压变化不影响焊条的熔化。

3）电流极性：焊条为阴极时，熔化速度大。

4）焊条直径：直径越大，熔化速度越慢。

2. 熔滴过渡

（1）熔滴上的作用力　焊条电弧焊时，在电弧热和电阻热的联合作用下，焊条端部受热熔化形成熔滴。熔滴上的作用力是影响熔滴过渡及焊缝成形的主要因素。根据熔滴上的作用力来源不同，可将其分为重力、表面张力、电弧力、熔滴爆破力和电弧气体的吹力等，如图 1-1 所示。

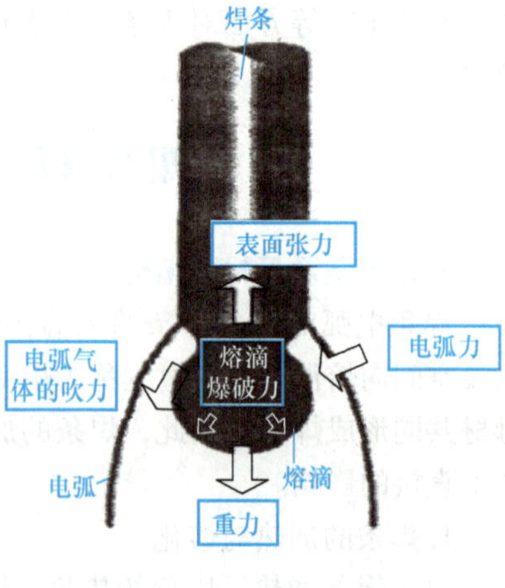

图 1-1　熔滴上的作用力

1）重力。不同的焊接位置，重力对熔滴过渡的影响不同 。平焊时，熔滴上的重力促使熔滴过渡；而在立焊及仰焊位置则阻碍熔滴过渡。重力用 F_g（单位：10^{-9}N）表示，即

$$F_g = mg = (4/3)\pi r^3 \rho g \quad (1\text{-}3)$$

式中　r——熔滴的半径；

ρ——熔滴的密度；

g——重力加速度。

2）表面张力。表面张力是指焊条端部保持熔滴的作用力，用 F_σ 表示，即

$$F_\sigma = 2\pi R\sigma \quad (1\text{-}4)$$

式中　R——焊条的半径（mm）；

σ——表面张力系数（N/mm），其与材料成分、温度、气体介质等因素有关。

平焊时，表面张力 F_σ 阻碍熔滴过渡，因此只要能使 F_σ 减小的措施都将有利于平焊时的熔滴过渡，由式（1-4）可知，使用小直径及表面张力系数小的材料能达到这一目的。若熔滴上含少量活化物质（如 O_2、S 等）或熔滴温度升高，则会减小表面张力系数，有利于形成细颗粒熔滴过渡。除平焊位置之外的其他位置焊接时，表面张力对熔滴过渡有利。

3）电弧力。电弧力是指电弧对熔滴和熔池的机械作用力，包括电磁收缩力、等离子流力、斑点力等。电弧力对熔滴过渡的作用不尽相同，需根据不同情况具体分析。斑点力总是阻碍熔滴的过渡。

必须指出，电弧力只有在焊接电流较大时才对熔滴过渡起主要作用，焊接电流较小时起主要作用的往往是重力和表面张力。

4）熔滴爆破力。当熔滴内部因冶金反应而生成气体或含有易蒸发金属时，在电弧高温作用下将使气体积聚、膨胀而产生较大的内压力，致使熔滴爆破，这一内压力称为熔滴爆破力。它在促使熔滴过渡的同时也产生飞溅。

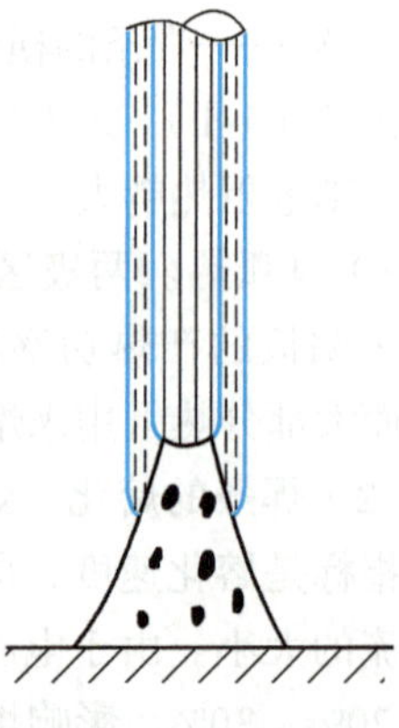
图 1-2　药皮形成的套管示意图

5）电弧气体的吹力。在焊条电弧焊时，药皮的熔化稍微落后于焊芯的熔化，这样在焊条的端头形成套管，如图 1-2 所

示。此套管内含有大量的气体，并顺着套管方向形成挺直而稳定的气流，进而把熔滴送到熔池中。不论焊接的空间位置如何，电弧气体的吹力都将有利于熔滴过渡。

（2）焊条电弧焊的熔滴过渡形式及特点　熔滴过渡过程不但影响电弧的稳定性，而且对焊缝成形和冶金过程也有很大的影响。熔滴过渡过程十分复杂，主要过渡形式有喷射过渡（图 1-3a）、滴状过渡（图 1-3b）和短路过渡（图 1-3c）三种。

a)　　b)　　c)

图 1-3　熔滴过渡的形式

a）喷射过渡　b）滴状过渡　c）短路过渡

电弧引燃后，随着电弧的燃烧，焊条端部熔化形成熔滴并逐步长大。当电流较小、电弧电压较低时，弧长较短，熔滴未长成大滴就与熔池接触形成液态金属短路，电弧熄灭，随之熔滴过渡到熔池中。熔滴脱落之后电弧重新引燃，如此交替进行，这种过渡形式称为短路过渡。短路过渡是焊条电弧焊最主要的熔滴过渡形式。

1）短路过渡的形成条件：小电流、低电弧电压、电弧功率较小。

2）短路过渡的特点：

① 短路过渡是燃弧、熄弧交替进行的，电弧燃烧过程是不连续的。燃弧时电弧对焊件加热，熄弧时熔滴形成缩颈过渡到熔池。对短路过渡电弧的燃烧及熄灭时间进行调节，就可调节对焊件的热输入，控制焊缝形状（主要是焊缝厚度）。焊条电弧焊过程中，电弧容易熄弧，因此需要药皮保证电弧的稳定性。

② 短路过渡时，平均焊接电流较小，而短路电流峰值又相当大，这种电流形式既可避免薄板的焊穿，又可保证熔滴过渡的顺利进行，有利于薄板焊接或全位置焊接。

③ 短路过渡时，一般使用小直径的焊条，这样会使电流密度较大、电弧产热集中、焊条熔化速度快，因而焊接速度快。

④ 短路过渡的电弧弧长较短，焊件加热区较小，可减小焊接接头热影响区宽度和焊接变形量，提高焊接接头质量。

二、焊缝成形

在电弧热、电阻热的作用下，母材被熔化，进而在焊件上形成一个具有一定形状和尺寸的液态熔池。随着电弧的移动，熔池前端的母材金属不断被熔化进入熔池中，熔池后部则不断冷却结晶形成焊缝。熔池的形状不仅决定了焊缝的形状，而且对焊缝的质量有重要的影响。熔池的体积和形状主要取决于电弧的热量和电弧对熔池的作用力。

微课：
焊缝成形

1. 焊缝形状特征

焊缝形状是指焊件熔化区横截面的形状，可用熔深（焊缝有效厚度）S、熔宽（焊缝宽度）c 和余高 h 三个参数来描述。图 1-4 所示为对接接头和角接接头的焊缝形状及尺寸。合理的焊缝形状要求 S、c 和 h 之间有适当的比例，生产中常用焊缝成形系数、余高系数和熔合比来表征焊缝成形的特征。

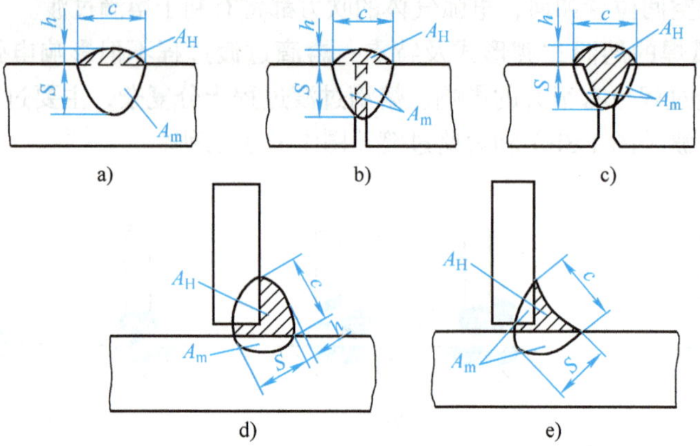

图 1-4　对接接头和角接接头的焊缝形状及尺寸

S—熔深　*c*—熔宽　*h*—余高

A_m—焊缝中母材所占的面积　A_H—焊缝中熔化的焊接材料所占的面积

（1）焊缝成形系数　焊缝的熔宽与熔深之比称为焊缝成形系数，即 $\varphi=c/S$。焊缝成形系数是衡量焊缝质量优劣的主要指标之一。φ 小，表示焊缝深而窄，既可缩小焊缝宽度方向的无效加热范围，又可提高热效率和减小热影响区。但若 φ 过小，焊缝截面过窄，则不利于气体从熔池中逸出，容易在焊缝中产生气孔，且使结晶条件恶化，增大产生夹渣和裂纹的倾向。φ 值过大时，焊缝可能未焊透。因此，实际焊接时，焊缝成形系数的大小应根据焊缝产生裂纹和气孔的敏感性合理控制。不同焊接方法的焊缝成形系数应控制在一定范围内。焊条电弧焊时，φ 的适宜范围为 1～2。

（2）余高系数　焊缝的熔宽与余高之比称为焊缝的余高系数，即 $\psi = c/h$，余高系数也是衡量焊缝质量优劣的指标。理想的焊缝成形，其表面应该是与焊件平齐的，即余高 *h* 为零。因为有余高，焊缝和母材连接处不能平滑过渡，焊接接头承载时在焊缝边缘即焊趾就有应力集中，降低了焊接结构的承载能力。但是理想的无余高又无凹坑的焊缝是不可能在焊后直接获得的。为了保证焊缝的强度，一般焊缝允许具有适当的余高。

（3）熔合比　表示焊缝横截面形状特征的另一个重要参数就是焊缝的熔合比。熔合比是指单道焊时，焊缝中母材金属所占的面积与焊缝总面积的比值，即 $\gamma=A_m/(A_m+A_H)$。焊缝金属的化学成分一方面与冶金反应时从焊条中过渡的合金含量有关，另一方面也与母材本身的熔化量有关，即与焊缝的熔合比有关。熔合比越大，则焊缝的化学成分越接近于母材本身的化学成分。接头形式和板厚、坡口角度和形式、母材性质、焊接材料种类及焊条的倾角等因素都会影响焊缝的熔合比。所以在焊条电弧焊工艺中，特别是焊接中碳钢、合金钢和非铁金属时，调整焊缝的熔合比常常是控制焊缝化学成分、防止焊接缺陷和提高焊缝力学性能的重要手段。

2. 焊缝成形的影响因素

焊缝成形的影响因素主要有焊接参数（焊接电流、电弧电压、焊接速度等）、工艺因素（焊条直径、电流种类与极性、焊条和焊件倾角等）和焊件结构（坡口形状、间隙、焊件厚度等）。

（1）焊接参数　焊接参数决定焊缝输入的能量，是影响焊缝成形的主要工艺参数。

1）焊接电流。焊接电流主要影响焊缝的熔深。其他条件一定时，随着电流的增大，焊缝的熔深和余高增加，而熔宽几乎不变，焊缝成形系数减小。

2）电弧电压。电弧电压主要影响焊缝的宽度。其他条件一定时，随着电弧电压的增大，熔宽显著增加，而熔深和余高略有减小，熔合比增加。因此，为得到合适的焊缝成形，一般在改变焊接电流时，对电弧电压也应进行适当的调整。

3）焊接速度。焊接速度的快慢主要影响母材的热输入。其他条件一定时，提高焊接速度，热输入及焊条金属的熔敷量均减小，故熔深、熔宽和余高都减小，熔合比几乎不变。

为了全面说明焊接参数的影响，引入一个综合参数——焊接热输入 q。其物理意义：熔焊时，由焊接能源输入给单位长度焊缝上的热能，单位为 J/mm。焊接热输入 q 可表示为

$$q=P/v=\eta I_h U_h/v \tag{1-5}$$

式中 η ——电弧有效功率系数，通称热效率，焊条电弧焊时 η=65%～80%；

I_h ——焊接电流（A）；

U_h ——电弧电压（V）；

v ——焊接速度（mm/s）。

（2）工艺因素

1）焊条直径。焊接电流、电弧电压及焊接速度给定时，焊条直径越小、电流密度越大，对焊件加热越集中；同时，电磁收缩力增大，焊条熔化量增多，使得熔深、余高均增大。

2）焊条倾角。焊条电弧焊时，根据焊条倾斜方向和焊接方向的关系，分为焊条后倾和焊条前倾两种，分别如图 1-5a、b 所示。焊条前倾时，熔宽增加，熔深、余高均减小。前倾角越小，这种现象越突出，如图 1-5c 所示。焊条后倾时，情况刚好相反。焊条电弧焊时，通常采用焊条前倾，倾角 α 在 65°～80° 之间较合适。

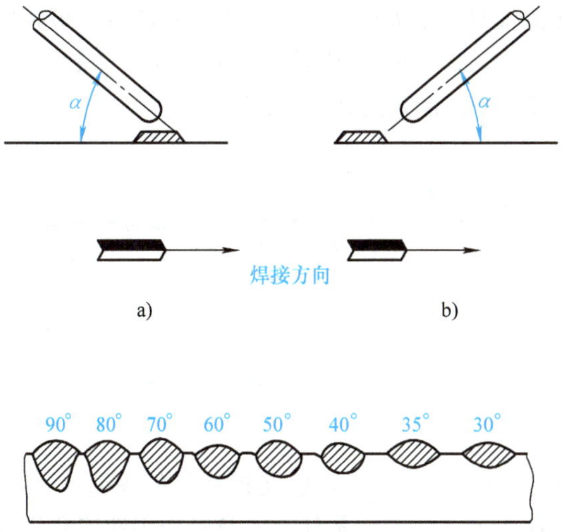

图 1-5 焊条倾角对焊缝成形的影响

a）后倾 b）前倾 c）前倾时倾角影响

3）焊件倾角。实际焊接时，有时因焊接结构等条件的限定，焊件摆放存在一定的倾斜，重力作用使熔池中的液态金属有向下流动的趋势，因而在不同的焊接方向就会产生不同的影响。下坡焊时，重力作用阻止熔池金属流向熔池尾部，电弧下方的液态金属变厚，电弧对熔池底部金属的加热作用减弱，熔深减小，而余高和熔宽增大。上坡焊时，熔深和余高均增大，熔宽减小。焊件倾角对焊缝成形的影响如图 1-6 所示。

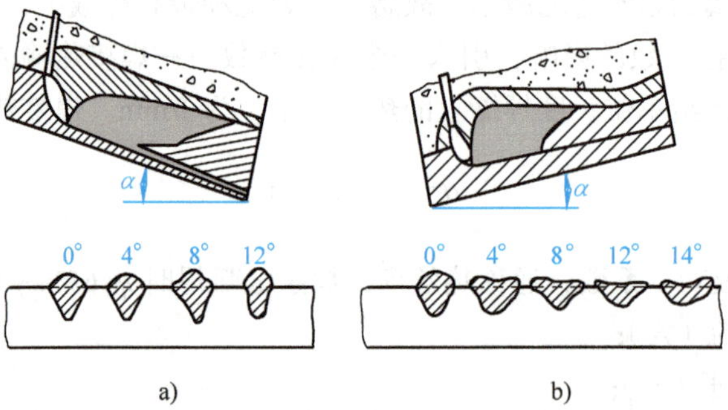

图 1-6 焊件倾角对焊缝成形的影响

a）上坡焊 b）下坡焊

（3）焊件结构

1）焊件的材料和厚度。不同的焊件材料，其热物理性能不同。相同条件下，导热性好的材料熔化单位体积金属所需热量更多，在热输入一定时，焊缝的熔深和熔宽就小。焊件材料的密度或液态黏度越大，则电弧对熔池液态金属的排开越困难，进而熔深越小。其他条件相同时，焊件厚度越大，散热越多，熔深和熔宽越小。

2）坡口和间隙。焊件是否要开坡口，是否留有间隙及留多大间隙，均应视具体情况确定。采用对接形式焊接薄板时，不需留间隙，也不需开坡口；板较厚时，为了焊透焊件，需留一定间隙或开坡口，此时余高和熔合比随坡口或间隙尺寸的增大而减小，如图 1-7 所示。因此，焊接时常采用开坡口来控制余高和熔合比。

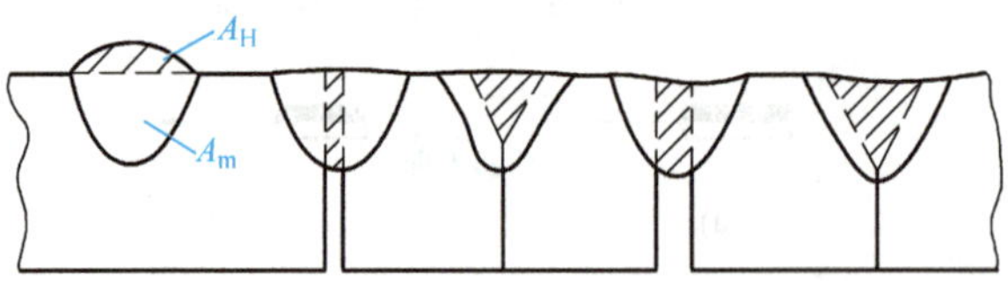

图 1-7 焊件的坡口和间隙对焊缝成形的影响

总之，焊缝成形的影响因素很多，要想获得良好的焊缝成形，需根据焊件的材料和厚度、焊缝的空间位置、接头形式、工作条件，以及对接头性能和焊缝尺寸的要求等，选择合适的焊接参数，以确保焊缝质量。

学习过程记录卡

班级		学习开始时间	年　月　日
姓名		学习完成时间	年　月　日
学习笔记			
学习心得			
学习总结			

知识单元 1.2　焊条选用

一、焊条的组成及分类

1. 焊条的组成

涂有药皮供焊条电弧焊用的熔化电极称为焊条。施焊时，焊条既作为电极传导电流而产生电弧，为焊接提供所需热量，又在熔化后作为填充金属过渡到熔池，与熔化的焊件金属熔合，凝固后形成焊缝。焊条是决定焊条电弧焊焊缝质量的主要因素之一。焊条不仅影响电弧的稳定性，而且直接影响焊缝的化学成分和力学性能。因此，焊条必须具备以下特点：引弧容易；稳弧性好；对熔化金属有良好的保护作用；能形成合乎要求的焊缝。

微课：
焊条基础知识

焊条由药皮和金属焊芯组成，药皮与焊芯（不包括焊条夹持端）的重量比称为药皮重量系数，其构造如图 1-8 所示。焊条引弧端药皮有 45° 左右的倒角，以便于引弧；尾部有 15 ~ 25mm 长的裸焊芯，称为焊条夹持端，用于焊钳夹持并利于导电。焊条直径是指焊芯直径，是焊条的重要尺寸，一般有 ϕ1.6mm、ϕ2.0mm、ϕ2.5mm、ϕ3.2mm、ϕ4.0mm、ϕ5.0mm、ϕ6.0mm、ϕ8.0mm 八种规格。焊条的长度由焊条直径而定，在 200 ~ 650mm 之间。生产中应用最多的是 ϕ3.2mm、ϕ4.0mm、ϕ5.0mm 三种，长度分别为 350mm、400mm 和 450mm。

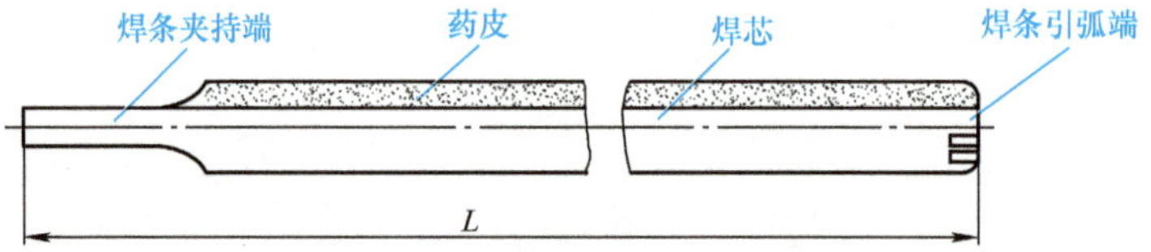

图 1-8　焊条的构造

（1）焊芯

1）焊条中被药皮包覆的金属芯称为焊芯，它是具有一定长度和直径的金属丝。焊芯在焊接过程中有两个作用：一是传导焊接电流，维持电弧，把电能转化为热能；二是熔化后作为填充金属进入焊缝。

2）焊条电弧焊时，焊芯在焊缝金属中占 50% ~ 70%，焊芯的化学成分直接决定了焊缝的成分与性能。焊芯的化学成分与普通钢的主要区别在于严格控制磷、硫杂质含量，并限制含碳量，以提高焊缝金属的塑性、韧性，防止焊接缺陷。因此，焊芯用钢一般要经过特殊冶炼，并单独规定牌号与技术条件。

3）常用的非合金钢及细晶粒钢焊条与热强钢焊条一般采用低碳钢焊丝做焊芯，分为 H08、H08A 和 H08E 三个质量等级。牌号中 H（焊）表示焊接用钢丝，08 表示含碳量，A（高）、E（特）则表示不同的质量等级，即在主要元素成分相同的条件下对硫、磷等杂质限制更加严格。在焊条制造中 H08A 应用最多。

（2）药皮　药皮是指压涂在焊芯表面上的涂料层。药皮在焊接过程中起到如下作用。

1）机械保护。利用药皮熔化放出的气体和形成的熔渣，起机械隔离空气作用，防止有害气体侵入熔化的金属中。

2）冶金处理。熔焊的过程就是一个小冶炼的过程。焊条电弧焊时，药皮中的合金元素能起到脱氧、脱硫、脱磷、脱氮等精炼作用，从而改善焊缝金属的性能；药皮中添加的合金元素能补充一部分被烧损的合金元素；药皮中合金元素的过渡，能满足焊缝金属成分的要求，提高焊缝性能。

3）改善焊接工艺性，使电弧稳定、飞溅小、焊缝成形好、易脱渣和熔敷效率高等。

2. 焊条的分类

焊条可按其用途、熔渣的性质和药皮的类型进行分类。

（1）按焊条的用途分类　根据有关国家标准，焊条可分为：非合金钢及细晶粒钢焊条、热强钢焊条、不锈钢焊条、堆焊焊条、铸铁焊条、铜及铜合金焊条、铝及铝合金焊条、镍及镍合金焊条等。

（2）按熔渣性质分类　根据药皮熔化后的熔渣特性，可将焊条分成酸性焊条和碱性焊条两类。这两类焊条的工艺性能、操作注意事项和焊缝质量有较大的差异，因此必须熟悉它们的特点。

1）酸性焊条。酸性焊条焊接时形成的熔渣的主要成分是酸性氧化物。酸性焊条突出的优点是价格较低、焊接工艺性好、容易引弧、电弧稳定、飞溅小、对弧长不敏感、对油和铁锈等不敏感、焊前准备要求低、焊缝成形好等。但由于酸性焊条的熔渣除硫能力较差，焊缝金属的力学性能（主要指塑性和韧性）和抗裂性能较差。因此，此类焊条仅用于一般的焊接结构。酸性焊条的典型型号有 E4303、E5003。酸性焊条可用于交、直流电源焊接。

2）碱性焊条。碱性焊条熔渣的主要成分是碱性氧化物。焊缝金属中合金元素较多，硫、磷等杂质较少，焊缝的力学性能特别是冲击韧度较好，故这类焊条主要用于焊接重要的焊接结构件。碱性焊条突出的缺点首先是工艺性较差（引弧困难、电弧稳定性差、飞溅大、必须采用短弧焊、焊缝外观成形差）；其次是对油、水、铁锈等很敏感，如果焊前焊接区没有清理干净，或焊条未进行烘干，在焊接时就会产生气孔。碱性焊条的典型型号有 E4315、E5015。碱性焊条一般采用直流电源焊接。

（3）按药皮的类型分类　根据药皮的主要化学成分，可将焊条分为钛型焊条、钛钙型焊条、钛铁矿型焊条、氧化铁型焊条、纤维素型焊条、低氢型焊条、石墨型焊条、盐基型焊条等。

二、常用焊条标识的识别

1. 焊条的型号

焊条型号是由国家标准规定的具有特定含义的符号。它是根据焊条的用途和性能特点命名的，也是焊条生产、检验和选用的依据。焊条型号由字母和数字组成，主要表示焊条的类别、熔敷金属化学成分或抗拉强度、适用焊接位置、药皮类型及适用电源种类等。常用焊条的类别代号及其执行的国家标准见表 1-1。

表 1-1　常用焊条的类别代号及其执行的国家标准

焊条名称	非合金钢及细晶粒钢焊条	热强钢焊条	不锈钢焊条	铸铁焊条
类别代号	E	E	E	EC
国家标准	GB/T 5117—2012	GB/T 5118—2012	GB/T 983—2012	GB/T 10044—2022
焊条名称	堆焊焊条	镍及镍合金焊条	铝及铝合金焊条	铜及铜合金焊条
类别代号	ED	ENi	EAl	ECu
国家标准	GB/T 984—2001	GB/T 13814—2008	GB/T 3669—2001	GB/T 3670—2021

非合金钢及细晶粒钢焊条的型号以国家标准《非合金钢及细晶粒钢焊条》（GB/T 5117—2012）为依据，根据熔敷金属的力学性能、药皮类型、焊接位置和电流类型来划分，其通用的形式为 E××××。其他焊条型号的含义可参看有关标准和手册，这里不再赘述。

焊条型号由五部分组成：

1）第一部分用字母“E”表示焊条。

2）第二部分为字母“E”后面的紧邻两位数字，表示熔敷金属的最小抗拉强度代号。

3）第三部分为字母“E”后面的第三和第四两位数字，表示药皮类型、焊接位置和电流类型。

4）第四部分为熔敷金属的化学成分分类代号，可为“无标记”或短划“-”后的字母，数字或字母和数字的组合。

5）第五部分为熔敷金属的化学成分代号之后的焊后状态代号，其中“无标记”表示焊态，“P”表示热处理状态，“AP”表示焊态和焊后热处理两种状态均可。

例如：E4315。

其中：E 表示焊条；43 表示熔敷金属抗拉强度的最小值为 430MPa；1 表示焊条适用于全位置焊接；15 表示药皮类型为低氢钠型（碱性），采用直流反接焊接。

2. 焊条牌号

焊条的牌号是根据原国家机械工业委员会编制的《焊接材料产品样本》中的规定来表示的，由汉字（或汉字拼音字母）和三位数字组成。汉字（或汉字拼音字母）表示按用途分的焊条各大类，前两位数字表示各大类中的若干小类，第三位数字表示药皮类型和电流种类。

结构钢焊条的牌号根据熔敷金属的抗拉强度、药皮类型和电流种类来划分，通用的表达形式为 J×××。

1）字母“J”或汉字“结”表示结构钢焊条。

2）前两位数字表示熔敷金属的抗拉强度最小值的 1/10，单位为 MPa。

3）第三位数字表示焊接电流种类和药皮类型。

例如：J422。

其中：J 表示结构钢焊条；42 表示熔敷金属抗拉强度的最小值为 420MPa；2 表示药皮为钛钙型，采用交流或直流电源。

3. 焊条型号与牌号的对应关系

常用焊条型号与牌号对照见表 1-2。

表 1-2　常用焊条型号与牌号对照

型号	牌号
E4303	J422
E4315	J427
E5015	J507

三、焊条的选用原则

1. 焊条选用基本原则

焊条的种类繁多，每种焊条都有一定的特性和用途。为了保证产品质量、提高生产效率和降低生产成本，必须正确选用焊条。在实际选择焊条时，除了要考虑经济性、施工条件、焊接效率和劳动条件之外，还应考虑以下原则。

（1）等强度原则　对于承受静载荷或一般载荷的工件或结构，通常按焊缝与母材等强的原则选用焊条，即要求焊缝与母材抗拉强度相等或相近。

（2）等条件原则　根据工件或焊接结构的工作条件和特点来选用焊条。例如在焊接承受动载荷或冲击载荷的工件时，应选用熔敷金属冲击韧度较高的碱性焊条；而在焊接一般结构时，则可选用酸性焊条。

（3）等同性原则　在特殊环境下工作的焊接结构，如腐蚀性、高温或低温环境等，为了保证使用性能，应根据熔敷金属与母材性能相同或相近原则选用焊条。

2. 非合金钢及细晶粒钢焊条的选用

根据我国非合金钢及细晶粒钢焊条标准，目前主要使用的非合金钢及细晶粒钢焊条有E43系列和E50系列。低碳钢焊接时，一般结构可选用酸性焊条，承受动载荷或复杂的厚壁结构及低温使用时选用碱性焊条，低碳钢焊条的选用见表1-3；中碳钢焊接时，由于碳的质量分数较高，易产生焊接裂纹，因而应选用碱性焊条或使焊缝金属具有良好塑性及韧性的铬镍奥氏体不锈钢焊条，并应进行预热和缓冷处理；高碳钢焊接时，焊接材料的选用应视产品的设计要求而定，当强度要求高时，可用J707（E7015-G）或J607（E6015-G）焊条，而强度要求不高时，可选用J506（E5016）或J507（E5015）焊条。

表 1-3　低碳钢焊条的选用

钢号	焊条牌号	焊条型号	钢号	焊条牌号	焊条型号
Q235	J421、J422、J423	E4313、E4303、E4301	ZG 230-450	J506、J507	E5016、E5015
08、10	J422、J423、J424	E4303、E4301、E4320	25	J426、J427	E4316、E 4315
15、20	J426、J427、J507	E4316、E4315、E5015			

四、焊条的保管与使用

1. 焊条的保管

焊条管理得好坏对于焊接质量有直接影响。因此，焊条的储存、保管也是很重要的。

微课：焊条的保管与使用

1）焊条必须在干燥、通风良好的室内仓库中存放。焊条储存库内，不允许放置有害气体和腐蚀介质。焊条应放在离地面和墙壁面距离均不小于300mm的架子上，防止受潮，如图1-9所示。

图 1-9　焊条的储存

2）焊条堆放时应按种类、牌号、批次、规格和入库时间分类堆放，并应有明确标注，避免混乱。

3）一般一次焊条出库量不能超过两天用量，已经出库的焊条必须保管好。

4）保证焊条在供给使用单位后在 6 个月之内使用，入库的焊条应做到先入库的先使用。

5）特种焊条储存与保管应高于一般性焊条，且应堆放在专用仓库或指定的区域，受潮或包装破损的焊条未经处理不准入库。

6）焊条储存库内应设置温度计和湿度计。对于低氢型焊条，室内温度不低于 5℃，相对空气湿度低于 60%。

7）对于受潮、药皮变色、焊芯有锈迹的焊条，须经烘干后进行质量评定，只有各项性能指标满足要求时方可入库，否则不能入库。

2. 焊条的使用

为了保证焊缝的质量，在使用焊条前须对其进行外观检查和烘干处理。

（1）外观检查　焊条在烘干或使用前要进行外观检查。对焊条进行外观检查是为了避免由于使用了不合格的焊条而造成焊缝质量不合格。焊条可能会出现以下几个方面的问题。

1）偏心。偏心度指药皮沿焊芯直径方向偏心的程度，如图 1-10 所示。焊条若偏心，则表明焊条沿焊芯直径方向的药皮厚度有差异。这样，焊接时药皮熔化速度不同，无法形成正常的套筒，因而在焊接时产生电弧偏吹，使电弧不稳定，造成母材熔化不均匀，最终影响焊缝质量。所以，应尽量不使用偏心的焊条。

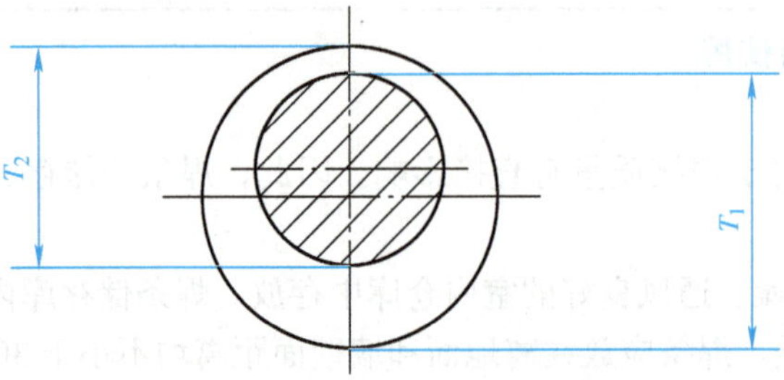

图 1-10　偏心度示意图

偏心度可用下式计算

$$偏心度=2(T_1-T_2)/(T_1+T_2)\times 100\% \quad (1-6)$$

式中　T_1——任一断面处药皮层最大厚度 + 焊芯直径（mm）；

T_2——同一断面处药皮层最小厚度 + 焊芯直径（mm）。

根据国家标准规定：

① 直径不大于 2.5mm 的焊条，其偏心度不应大于 7%。

② 直径为 3.2 mm 和 4.0 mm 的焊条，其偏心度不应大于 5%。

③ 直径不小于 5 mm 的焊条，其偏心度不应大于 4%。

2）锈蚀。锈蚀指焊芯有锈蚀的现象。一般来说，若焊芯仅有轻微的锈迹，基本上不影响正常使用，但对于重要结构件、焊缝质量要求高时，就不宜使用。若焊条锈迹严重，就不宜使用，至少也应降级使用或只能用于一般结构件的焊接。

3）药皮出现裂纹及脱落。药皮在焊接过程中起着很重要的作用，由于储存或人为因素的影响，有时药皮会出现裂纹甚至部分脱落，如图 1-11 所示。用药皮脱落的焊条施焊会直接影响焊缝质量，因此要避免使用药皮已经脱落的焊条。

图 1-11　药皮脱落

（2）焊条的烘干

1）烘干的目的。焊条在使用前，一般要进行烘干。用受潮的焊条进行施焊，不仅会使焊接工艺性能变差，也会直接影响焊缝质量，容易使焊缝产生氢致裂纹、气孔等缺陷，同时会造成电弧不稳定、飞溅增多、烟尘增大等。因此，焊条在使用前必须烘干，特别是碱性焊条。焊条烘干时应做记录，记录上应有牌号、批号、温度和时间等内容。在焊条烘干期间，应有专门的技术人员负责对操作过程进行检查和核对，每批焊条不得少于一次，并在操作记录上签名。

2）烘干温度。不同焊条品种要求不同的烘干温度和保温时间。酸性焊条视受潮情况在 75 ~ 150℃烘干 1 ~ 2h；碱性焊条应在 350 ~ 400℃烘干 1 ~ 2h。烘干的焊条应放在 100 ~ 150℃保温箱（筒）内，随用随取，使用时注意保持干燥。

3）烘干方法及要求。

① 焊条应放在焊条烘干箱（图 1-12）内进行烘干，不能在炉子上烘烤，更不能用气焊、火焰直接烘烤。烘干焊条时，禁止将焊条直接放入高温炉内或从高温炉中突然取出冷却，以防止焊条因骤冷骤热而使药皮开裂脱落。烘干时应缓慢加热、保温、缓慢冷却。

② 烘干焊条时，焊条不应成垛或成捆堆放，应铺成层状，如图 1-13 所示。堆放 ϕ4mm 焊条不超过三层，堆放 ϕ3.2mm 焊条不超过五层。否则，会造成焊条温度不均匀或局部过热而使药皮脱落，而且也不利于潮气排除。

③ 低氢型焊条一般在常温下超过 4h 时，应重新烘干，重复次数不宜超过三次。

图 1-12　焊条烘干箱

图 1-13　层状堆放焊条

学习过程记录卡

班级		学习开始时间	年 月 日
姓名		学习完成时间	年 月 日
学习笔记			
学习心得			
学习总结			

知识单元 1.3　工艺制订

一、认识焊接接头

用焊接的方法把两个工件连接在一起所形成的接头称为焊接接头。焊接接头由焊缝区、熔合区和热影响区组成，如图 1-14 所示。焊缝是指焊件经焊接后所形成的结合部分；热影响区是指焊件受热的影响（但未熔化）而发生金相组织和力学性能变化的区域；熔合区则是由焊缝向热影响区过渡的区域。

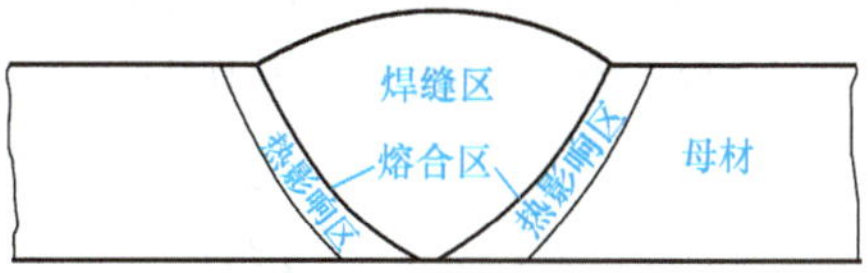

图 1-14　焊接接头示意图

由于结构形状、工件厚度及对接头质量的要求不同，接头形式也就不同，主要有以下几种。

1. 卷边接头

一般只用于厚 1 ~ 2mm 的薄板金属。焊前将接头边缘用弯板机或手工进行卷边，如图 1-15a 所示。焊接时可不加填充金属，靠电弧熔化卷边，待金属凝固后即形成焊缝。

卷边接头的特点是卷边的制备和装配方便、生产率高，但承载能力低，只能用于载荷较小的薄壳结构。

微课：
焊接接头

2. 对接接头

两焊件端面相对平行的接头称为对接接头，如图 1-15b 所示。

3. T 形接头

两焊件成 T 字形结合的接头称为 T 形接头，如图 1-15c 所示。

4. 角接接头

在两焊件的端部组成 30° ~ 150° 的连接接头称为角接接头，如图 1-15d 所示。

5. 搭接接头

两焊件部分搭叠，沿着一焊件或两焊件的边缘进行焊接，或在上面一焊件上钻孔，采用塞焊把两焊件焊在一起的接头均称为搭接接头，如图 1-15e、f 所示。

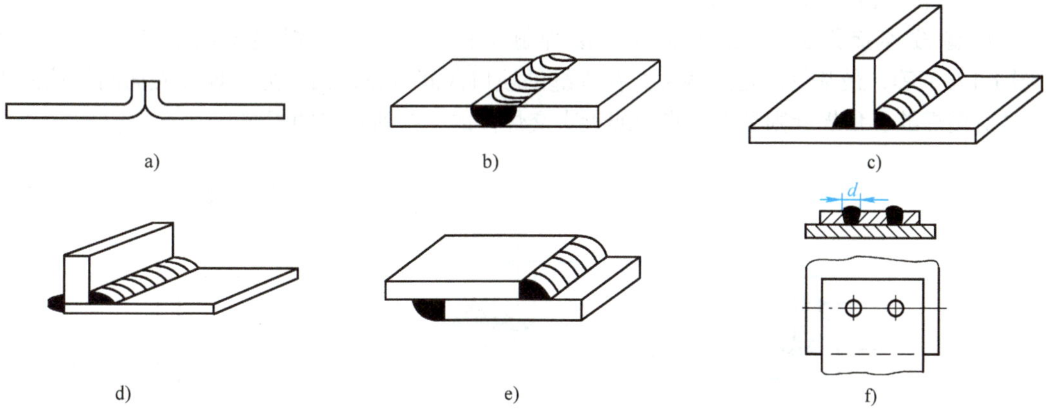

图 1-15　焊接接头的类型

a）卷边接头　b）对接接头　c）T 形接头　d）角接接头　e）搭接接头　f）搭接接头（塞焊）

对接接头从受力的角度看是比较理想的接头形式，受力状况好、应力集中较小。T 形接头能承受各种方向的力和力矩。角接接头多用于箱形构件上，承载能力随接头形式不同而不同。搭接接头的应力分布不均匀、疲劳强度较低，不是理想的接头类型。虽然这种接头焊前准备及装配工作较简单，在焊接结构中也有一定应用，但承受动载荷的结构件不宜采用。

二、焊缝

焊缝就是焊件经焊接后所形成的结合部分。焊缝有以下几种分类方式。

1. 按焊缝在空间位置的不同分类

按焊缝在空间位置的不同可分为平焊缝（图 1-16a）、立焊缝（图 1-16b）、横焊缝（图 1-16c）和仰焊缝（图 1-16d）。

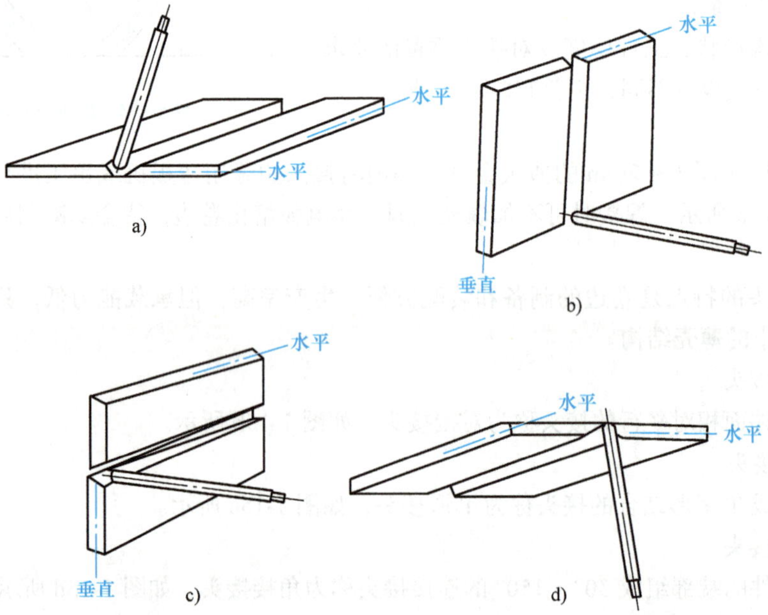

图 1-16　不同焊接位置的焊缝

a）平焊缝　b）立焊缝　c）横焊缝　d）仰焊缝

2. 按焊缝连接形式的不同分类

焊缝按连接形式一般可分为对接焊缝（图 1-17a）、角焊缝（图 1-17b）、塞焊缝（图 1-17c）等，最常见的是前两种。在焊缝的坡口面间或坡口面与另一焊件表面间焊接的焊缝是对接焊缝。角焊缝则是沿两直交或近直交焊件的交线所焊接的焊缝。

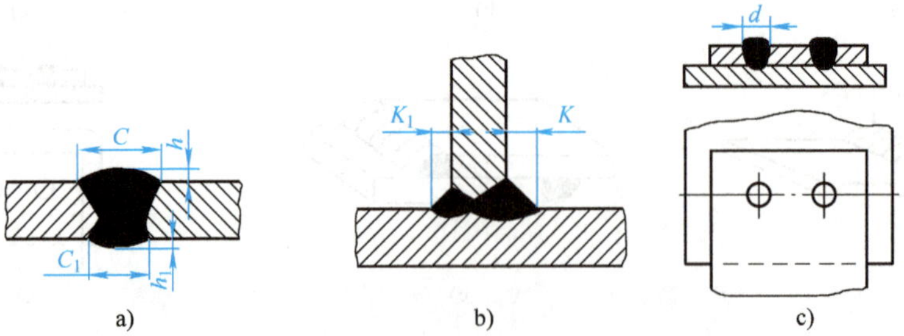

图 1-17　不同连接形式的焊缝

a）对接焊缝　b）角焊缝　c）塞焊缝

需要注意的是，焊缝与接头是两个不同的概念，同一类接头可以采用不同的焊缝结合形式。对接接头形成的焊缝可能是对接焊缝，也可能是角焊缝；同样，角接接头形成的焊缝可能是角焊缝，也可能是对接焊缝或者对接焊缝与角焊缝的组合焊缝。

3. 按焊缝断续情况不同分类

按焊缝沿接头全长是否连续可分为连续焊缝和断续焊缝：沿接头全长连续焊接的焊缝称为连续焊缝（图 1-18a）；沿接头全长焊接具有一定间隔的焊缝称为断续焊缝，它又可分为交错断续焊缝（图 1-18b）和并列断续焊缝（图 1-18c）。

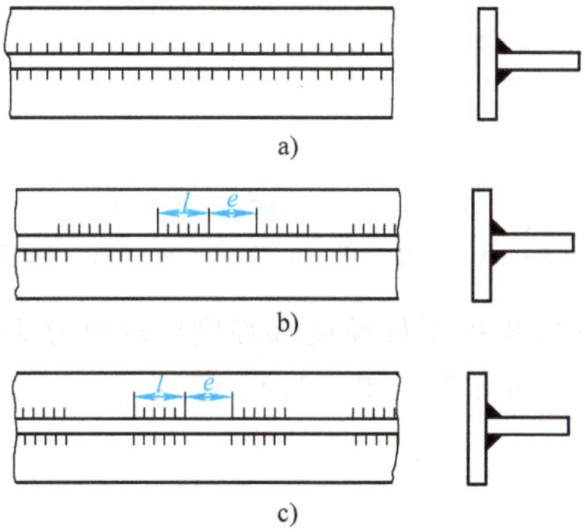

图 1-18 连续角焊缝和断续角焊缝

a）连续角焊缝 b）交错断续角焊缝 c）并列断续角焊缝

三、坡口的设计与制备

微课：焊条电弧焊工艺制定

坡口是根据设计或工艺需要，在工件的待焊部位加工并装配成一定几何形状的沟槽。用机械、火焰或电弧等加工坡口的过程称为开坡口。

1. 开坡口的目的

坡口使电弧能沿板厚熔入一定的深度，保证接头根部焊透、余高不过高，并获得良好的焊缝成形且便于清渣。对于合金钢来说，坡口还能起到调节熔合比的作用。

2. 坡口的形式

坡口形式取决于焊接接头形式、工件厚度以及对接头质量的要求，GB/T 985.1—2008《气焊、焊条电弧焊、气体保护焊和高能束焊的推荐坡口》对此做了详细规定。

对接接头常用的坡口形式有 I 形（图 1-19a）、V 形（图 1-19b）、U 形（图 1-19c）、X 形（图 1-19d）、双 U 形（图 1-19e）等。

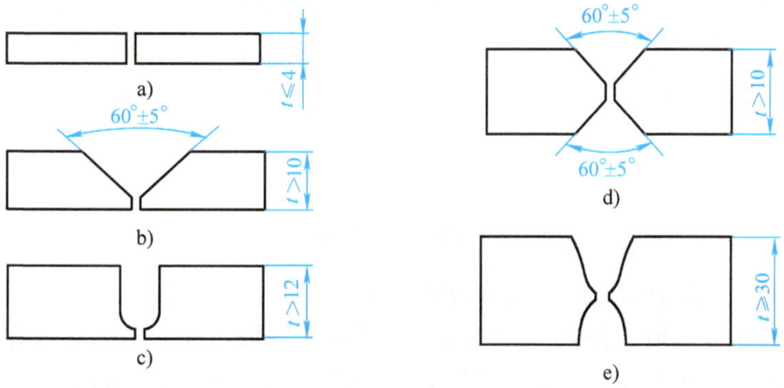

图 1-19 对接接头常用的坡口形式

a）I 形 b）V 形 c）U 形 d）X 形 e）双 U 形

T 形接头的坡口形式主要有 I 形（图 1-20a）、单边 V 形（图 1-20b）、K 形（图 1-20c）及带钝边双 J 形（图 1-20d）等。

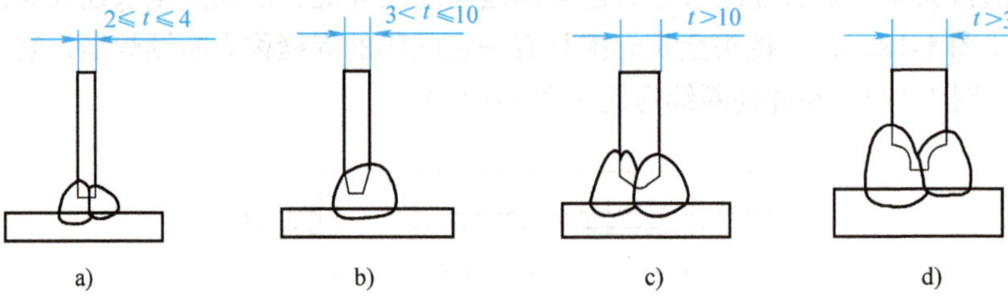

图 1-20 T 形接头坡口形式

a）I 形 b）单边 V 形 c）K 形 d）带钝边双 J 形

角接接头的坡口形式同样根据工件厚度和强度要求可分为 I 形（图 1-21a）、单边 V 形（图 1-21b）、V 形（图 1-21c）和 K 形（图 1-21d）等。

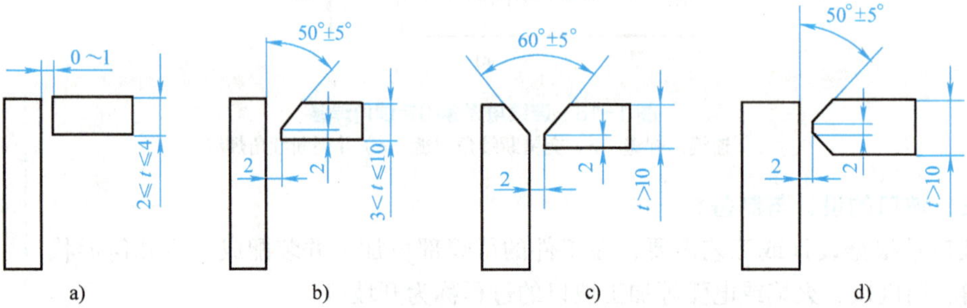

图 1-21 角接接头坡口形式

a）I 形 b）单边 V 形 c）V 形 d）K 形

3. 坡口的几何尺寸

坡口的几何尺寸主要由坡口面角度和坡口角度、根部间隙、钝边、根部半径等参数表示，如图 1-22 所示。

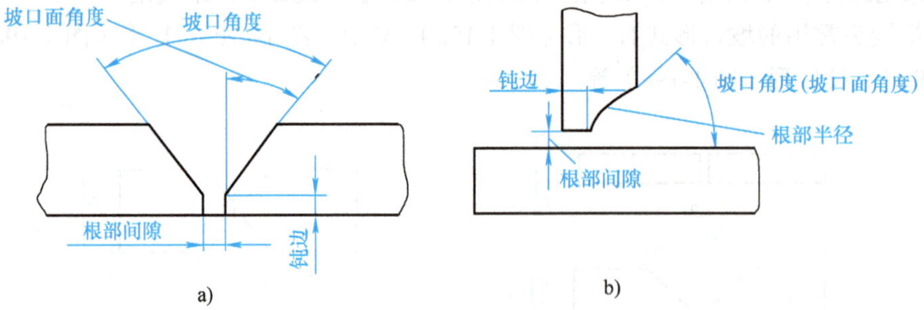

图 1-22 坡口的几何尺寸

（1）坡口面 焊件上的坡口表面称为坡口面。

（2）坡口面角度和坡口角度 焊件表面的垂直面与坡口面之间的夹角称为坡口面角度，两坡口面之间的夹角称为坡口角度。开单面坡口时，坡口角度等于坡口面角度，开双面对称坡口时，坡口角度等于两倍的坡口面角度。坡口角度的作用是使电弧能沿板厚深入焊缝根部，但坡口角度不能太大，否则会增加填充金属量，并使焊接生产率降低。

（3）根部间隙　焊前在接头根部之间预留的空隙称为根部间隙，其作用在于打底焊时能保证根部焊透。

（4）钝边　焊件开坡口时，沿焊件接头坡口根部的端面直边部分称为钝边。钝边的作用是防止根部烧穿，但钝边尺寸不能过大，要保证底层焊缝能焊透。

（5）根部半径　在J形、U形坡口底部的圆角半径称为根部半径。它的作用是增大坡口根部的空间，以便焊透根部。

4. 坡口的选择

在选择坡口形式时，主要应考虑以下因素。

1）是否能够保证焊件焊透（焊条电弧焊熔深一般为2～4mm）和便于焊接操作。例如，在容器内部不便焊接的情况下，宜采用单面坡口。

2）坡口的形状应容易加工。

3）尽可能提高焊接生产率和节省焊条。

4）焊件变形尽可能小些。

5）调整焊缝金属的化学成分。

6）尽量减少筒体内的焊接工作量。

在板厚相同时，双面坡口比单面坡口、U形坡口比V形坡口、双U形坡口比双V形坡口节省焊条，焊后产生的角变形小。但U形和双U形坡口加工较困难，一般用于较重要的焊接结构。

5. 坡口的制备

坡口的加工方法，应根据焊件的尺寸、形状与企业的加工条件综合考虑进行选择，目前企业中常用以下几种方法。

（1）剪切　使用剪床进行剪切，可制备I形坡口。这种方法适用于较薄钢板，生产率高、加工方便，剪切后板边即能符合焊接要求，但不能加工有角度的坡口。

（2）刨边　使用刨床或刨边机进行直边加工、制备坡口。这种方法加工的坡口尺寸精度较高。

（3）车削　使用车床可对管子进行坡口加工。当遇到较长、较重或无法搬动的管子时，可采用移动式的管子坡口机；对于大直径厚壁管子，可采用电动车管机。

（4）铣削　使用坡口铣边机可对板材或管材进行坡口加工。这种方法所用设备结构简单、操作方便、功效高。但受铣刀结构的限制，不能加工U形坡口，坡口的钝边部分也无法加工。

（5）气割　气割是一种使用很广的坡口加工方法，它可以加工V形、X形坡口，但不能加工U形坡口。手工气割较简易，但坡口边缘不够平整，尺寸不太精确，生产率低，一般用于小件或小批量生产。成批生产可采用机械切割和自动切割。为了提高切割效率，可在切割机上装置两把或三把割炬，一次进行V形和X形坡口的切割。

（6）炭弧气刨　使用炭弧气刨制备坡口，更多地用于焊缝修复、清根时的坡口制备。比铲削生产效率高、劳动强度小，但炭弧气刨时烟尘、噪声较大，对环境有一定影响。

四、焊接接头在图样上的表示方法

为了简化图样上的焊缝，可采用符号标注出焊缝形式、焊缝和坡口尺寸、焊接方法及技术要求，这样的符号称为焊缝符号。GB/T 324—2008规定了焊缝符号的表示方法，GB/T 5185—2005规定了焊接及相关工艺方法代号。

1. 焊缝符号

焊缝符号由基本符号、补充符号、尺寸符号和指引线组成，必要时可以加上焊接及相关工艺方法代号。

（1）基本符号　它是表示焊缝横截面形状的符号，采用近似于焊缝横截面形状的符号来表示。常用基本符号见表 1-4。

表 1-4　常用基本符号

序号	焊缝名称	焊缝形式	基本符号	序号	焊缝名称	焊缝形式	基本符号
1	I 形焊缝		‖	7	塞焊缝	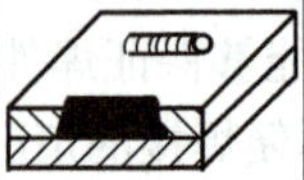	⊓
2	V 形焊缝		V	8	点焊缝	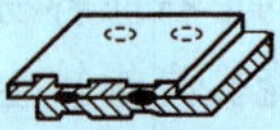	○
3	带钝边 V 形焊缝		Y	9	缝焊缝	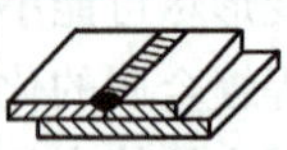	⊖
4	单边 V 形焊缝			10	封底焊缝	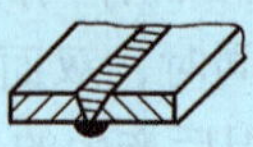	◡
5	带钝边单边 V 形焊缝			11	堆焊缝		
6	角焊缝	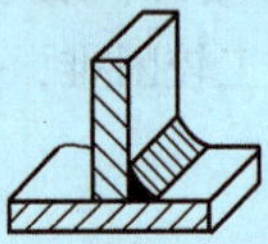	◺				

（2）补充符号　它是为了补充说明焊缝的某些特征而采用的符号，见表 1-5。

表 1-5　补充符号

序号	名　称	符　号	说　明
1	平面	—	焊缝表面通常经过加工后平整
2	凹面	⌣	焊缝表面凹陷
3	凸面	⌢	焊缝表面凸起
4	圆滑过渡		焊趾处过渡圆滑
5	永久衬垫	[M]	衬垫永久保留
6	临时衬垫	[MR]	衬垫在焊接完成后拆除
7	三面焊缝	⊏	三面带有焊缝
8	周围焊缝	○	沿着工件周边施焊的焊缝。标注位置为基准线与箭头线的交点处
9	现场焊缝		在现场焊接的焊缝
10	尾部	<	可以表示所需的信息

（3）尺寸符号　它是表示焊接坡口和焊缝尺寸的符号，见表 1-6。

表 1-6　尺寸符号

符号	名　称	示意图	符号	名　称	示意图
$\delta(t)$	工件厚度	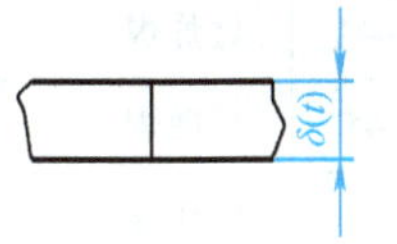	c	焊缝宽度	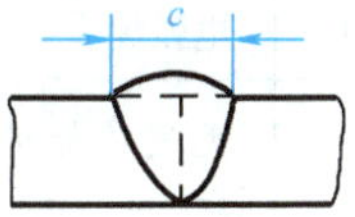
α	坡口角度	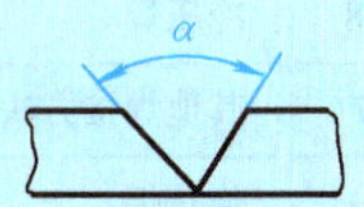	K	焊脚尺寸	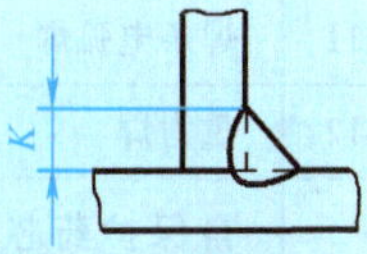
β	坡口面角度	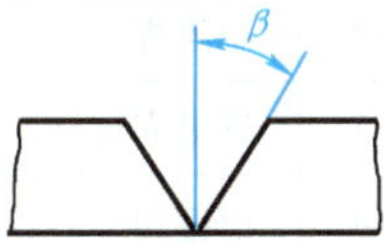	d	点焊：熔核直径 塞焊：孔径	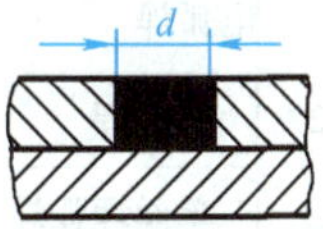
b	根部间隙	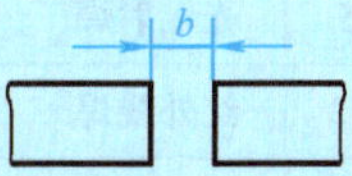	n	焊缝段数	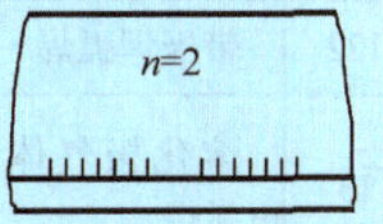
p	钝边	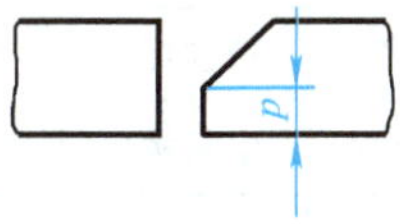	l	焊缝长度	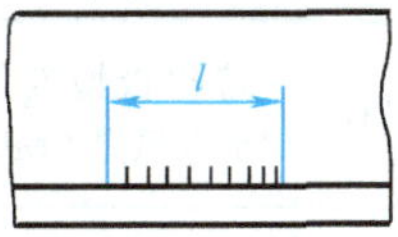
R	根部半径	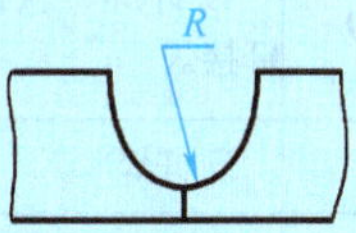	e	焊缝间距	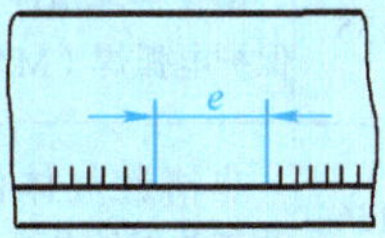
H	坡口深度	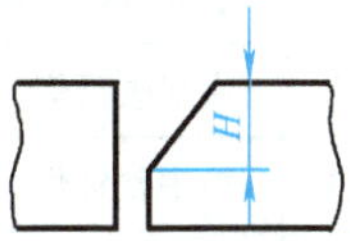	N	相同焊缝数量	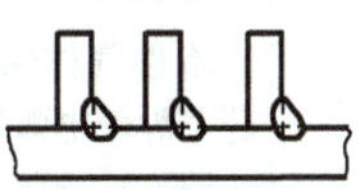
S	焊缝有效厚度	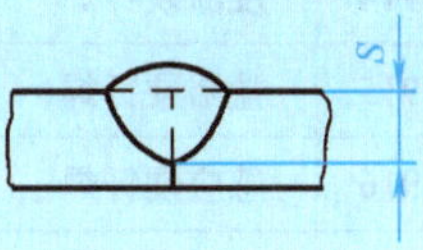	h	余高	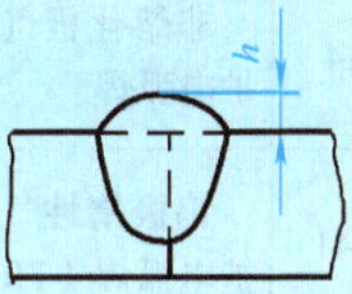

（4）指引线　由箭头线和两条基准线（一条实线和一条虚线）两部分组成，有时还在横线末端加一尾部，如图 1-23 所示。

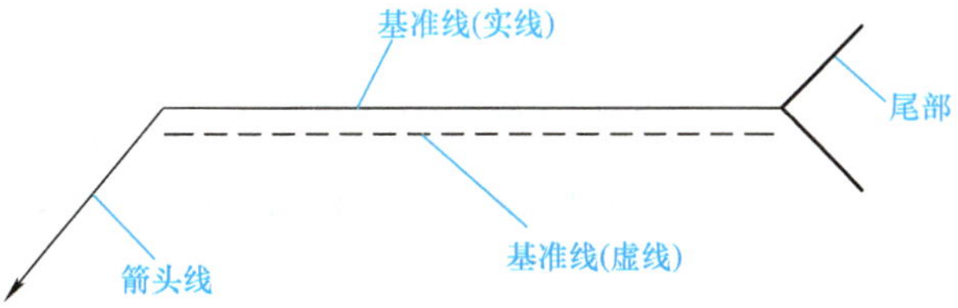

图 1-23　指引线

（5）焊接及相关工艺方法代号 它用阿拉伯数字来表示金属焊接及钎焊方法，见表 1-7。

表 1-7 焊接及相关工艺方法代号

代号	焊接方法	代号	焊接方法	代号	焊接方法	代号	焊接方法
1	电弧焊	15	等离子弧焊	441	爆炸焊	919	扩散硬钎焊
11	无气体保护的电弧焊	151	等离子 MIG 焊	45	扩散焊	924	真空硬钎焊
		152	等离子粉末堆焊	47	气压焊	93	其他硬钎焊
111	焊条电弧焊	18	其他电弧焊方法	48	冷压焊	94	软钎焊
112	重力焊	185	磁激弧对焊	7	其他焊接方法	941	红外线软钎焊
114	自保护药芯焊丝电弧焊	2	电阻焊	71	铝热焊	942	火焰软钎焊
		21	点焊	72	电渣焊	943	炉中软钎焊
12	埋弧焊	22	缝焊	73	气电立焊	944	浸渍软钎焊
121	单丝埋弧焊	221	搭接缝焊	74	感应焊	945	盐浴软钎焊
122	带极埋弧焊	226	加带缝焊	75	光辐射焊	946	感应软钎焊
13	熔化极气体保护电弧焊	23	凸焊	753	红外线焊	947	超声波软钎焊
		24	闪光焊	77	冲击电阻焊	948	电阻软钎焊
131	熔化极惰性气体保护电弧焊（MIG）	25	电阻对焊	78	螺柱焊	949	扩散软钎焊
		29	其他电阻焊方法	782	电阻螺柱焊	951	波峰软钎焊
135	熔化极非惰性气体保护电弧焊（MAG）	291	高频电阻焊	9	硬钎焊、软钎焊、钎接焊	952	烙铁软钎焊
		3	气焊			954	真空软钎焊
136	非惰性气体保护的药芯焊丝电弧焊	31	氧燃气焊	91	硬钎焊	96	其他软钎焊
		311	氧乙炔焊	911	红外线硬钎焊		
137	惰性气体保护的药芯焊丝电弧焊	312	氧丙烷焊	912	火焰硬钎焊	97	钎接焊
		313	氢氧焊	913	炉中硬钎焊		
14	非熔化极气体保护电弧焊	4	压力焊	914	浸渍硬钎焊	971	气体钎接焊
		41	超声波焊	915	盐浴硬钎焊		
141	钨极惰性气体保护电弧焊（TIG）	42	摩擦焊	916	感应硬钎焊	972	电弧钎接焊
		44	高机械能焊	918	电阻硬钎焊		

2. 各种符号的标注方法

焊缝尺寸的标注方法如图 1-24 所示。

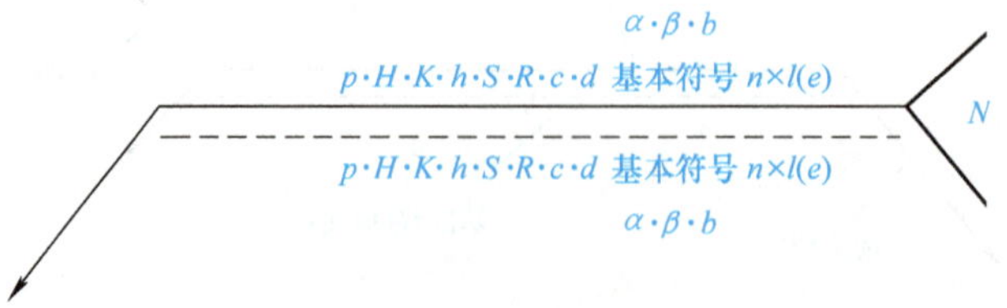

图 1-24 焊缝尺寸的标注方法

1）基本符号应画在基准线的中间部位。

2）横向尺寸标注在基本符号的左侧。

3）纵向尺寸标注在基本符号的右侧。

4）坡口角度、坡口面角度、根部间隙标注在基本符号的上侧或下侧。

5）相同焊缝数量、焊接方法符号等标在尾部；当焊缝两面焊接方法不同时，箭头所指一侧的焊接方法代号标注在前面，另一侧的代号在后，并以“/”分开。

6）当标注尺寸较多不易分辨时，可在尺寸数据前标注相应的尺寸符号。

7）基本符号在实线侧时，表示焊缝在箭头侧；基本符号在虚线侧时，表示焊缝在非箭头侧；对称焊缝允许省略虚线；在明确焊缝分布位置的情况下，有些双面焊缝也可省略虚线。

8）周围焊缝和现场焊缝符号应标注在箭头线和基准线的交点上。

9）焊缝尺寸也允许只标注一次，箭头线一般应指向接头带有坡口的一侧。

焊缝符号和焊接及相关工艺方法代号的标注举例见表 1-8。

表 1-8 焊缝符号和焊接及相关工艺方法代号的标注举例

示意图	符号	说明
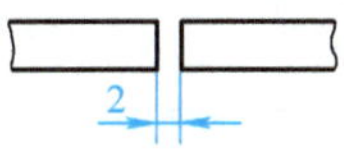	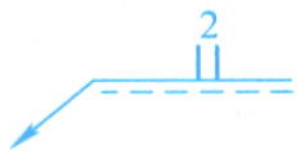	组对间隙为 2mm 的 I 形对接焊缝，单面焊
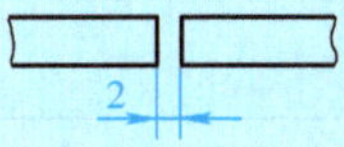	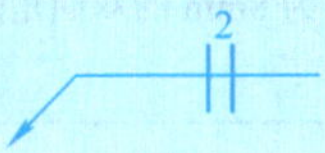	组对间隙为 2mm 的 I 形对接焊缝，双面焊
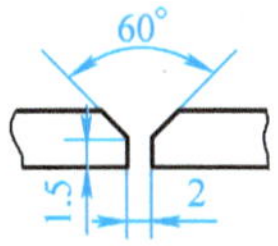	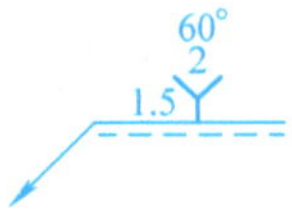	V 形坡口，坡口角度为 60°，钝边为 1.5mm，根部间隙为 2mm 的对接焊缝
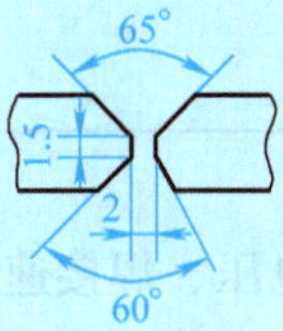	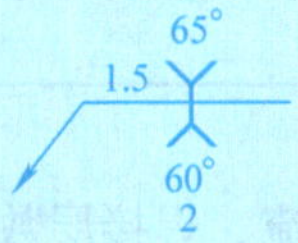	双面 V 形坡口，坡口角度分别为 60° 和 65°，钝边为 1.5mm，根部间隙为 2mm 的对接焊缝
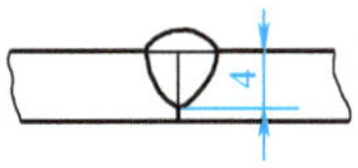		焊缝有效厚度为 4mm 的 I 形对接焊缝
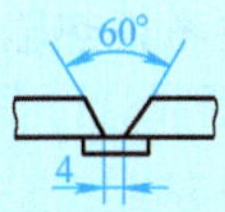	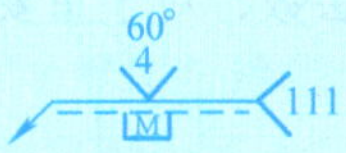	V 形坡口，坡口角度为 60°，根部间隙为 4mm 的对接焊缝，单面焊，背面用永久衬垫焊条电弧焊焊接
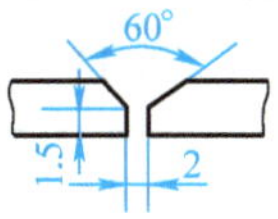	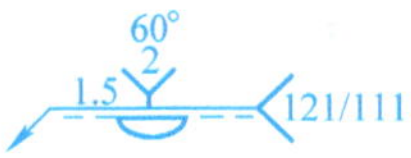	V 形坡口，坡口角度为 60°，钝边为 1.5mm，根部间隙为 2mm 的对接焊缝，埋弧焊焊接，用焊条电弧焊封底

（续）

示意图	符　号	说　明
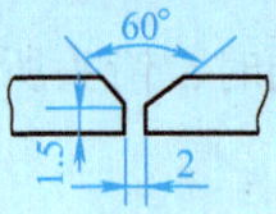	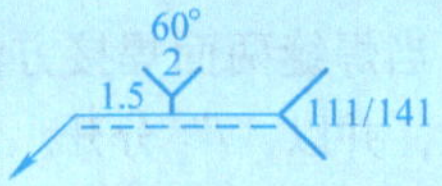	V 形坡口，坡口角度为 60°，钝边为 1.5mm，根部间隙为 2mm 的对接焊缝，钨极氩弧焊打底，焊条电弧焊盖面
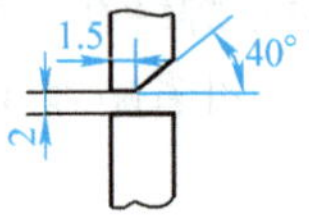	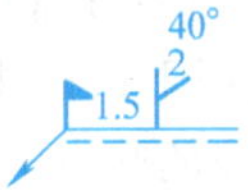	单边 V 形坡口，坡口角度为 40°，钝边为 1.5mm，根部间隙为 2mm，现场焊接的对接焊缝
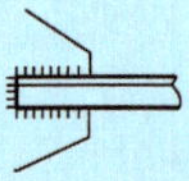	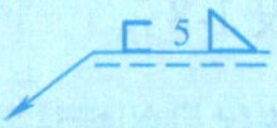	三面焊接的角焊缝，焊脚尺寸为 5mm
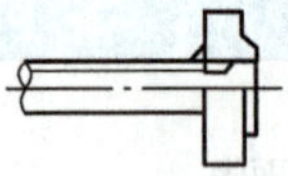	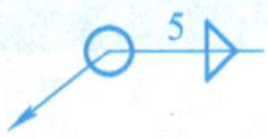	周围焊接的双面角焊缝，焊脚尺寸为 5mm
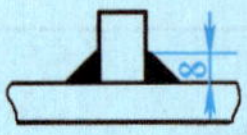		焊脚尺寸为 8mm 的双面角焊缝
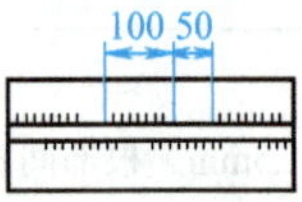		交错断续角焊缝，焊脚尺寸为 5mm，焊缝段数为 6，每段焊缝长度为 100mm，焊缝间距为 50mm
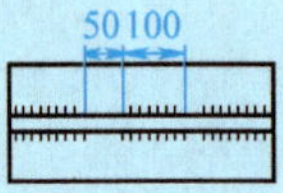	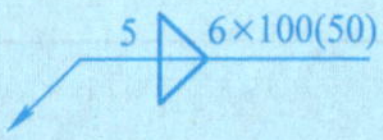	对称断续角焊缝，焊脚尺寸为 5mm，焊缝段数为 6，每段焊缝长度为 100mm，焊缝间距为 50mm

五、焊接参数的选择

焊条电弧焊的焊接参数通常包括焊条直径、焊接电流、焊接层数、电弧电压、焊接速度等。焊接参数选择得正确与否，直接影响焊缝的形状、尺寸，焊接质量和生产率。因此，选择合适的焊接参数是焊接生产中不可忽视的一个重要内容。

1. 焊条直径

焊条直径是指焊芯直径。它是保证焊接质量和效率的重要因素。焊条直径一般根据工件厚度选择。同时还要考虑接头形式、施焊位置和焊接层数，对于重要结构还要考虑热输入。一般情况下焊条直径的选择见表 1-9。

表 1-9　一般情况下焊条直径的选择

工件厚度 /mm	2	3	4～5	6～12	＞13
焊条直径 /mm	2	3.2	3.2～4	4～5	4～6

在板厚相同的条件下，平焊位置的焊接所选用的焊条直径应比其他位置大一些，立焊、横焊和仰焊应选用直径较小的焊条，一般不超过4.0mm。第一层焊道应选用小直径焊条焊接，以后各层可以根据工件厚度，选用较大直径的焊条。对于T形接头、搭接接头，都应选用较大直径的焊条。

2. 焊接电流

选择焊接电流时，应根据焊条类型、焊条直径、工件厚度、接头形式、焊接位置和层数等因素综合考虑。如果焊接电流过小，会使电弧不稳，造成未焊透、夹渣及焊缝成形不良等缺陷。反之，焊接电流过大时易造成咬边、焊穿、工件变形和飞溅大，也会使焊接接头的组织由于过热而发生变化。所以，焊接时要合理选择焊接电流。

在相同焊条直径的条件下，平焊时焊接电流可大些，其他位置焊接电流应小些。在相同条件的情况下，采用碱性焊条时的焊接电流一般可比采用酸性焊条时小10%左右，否则焊缝中易产生气孔。焊接电流和焊条直径的关系见表1-10。

表1-10 焊接电流和焊条直径的关系

焊条直径/mm	1.6	2.0	2.5	3.2	4	5	6
焊接电流/A	25～40	40～65	50～80	100～130	160～210	200～270	260～300

3. 电弧电压与焊接速度

电弧电压主要由电弧长度来决定：电弧长度越长，电弧电压越高；电弧长度越短，电弧电压越低。在焊接过程中，应尽量使用短弧焊接。立焊、仰焊时弧长应比平焊更短些，以利于熔滴过渡，防止熔化金属下坠。碱性焊条焊接时的弧长应比酸性焊条焊接时的弧长短些，以利于电弧的稳定和防止产生气孔。

焊接速度直接影响焊接生产率，但在焊接过程中焊接速度应该均匀适当，既要保证焊透又要保证不焊穿，同时还要使焊缝宽度和余高符合设计要求。如果焊速过快，熔化能量不够，易造成未熔合、焊缝成形不良等缺陷；如果焊速过慢，使高温停留时间增长，热影响区宽度增加，焊接接头的晶粒变粗，力学性能降低，同时使工件变形量增大，且当焊接较薄工件时，易形成烧穿。

4. 焊接层数

当工件厚度较大时，往往需要进行多层焊。对低碳钢和强度等级较低的低合金钢进行多层焊时，每层焊缝厚度过大时，对焊缝金属的塑性（主要表现在冷弯上）有不利影响。因此，对质量要求较高的焊缝，每层厚度最好不大于4mm。

焊接层数主要根据工件厚度、焊条直径、坡口形式和根部间隙等来确定，可做如下近似估算

$$n=t/d \tag{1-7}$$

式中 n——焊接层数；

t——工件厚度；

d——焊条直径。

总之，在保证不焊穿和成形良好的条件下，应尽量采用较大的焊条直径和焊接电流，并适当提高焊接速度，以提高生产率。

学习过程记录卡

班级		学习开始时间	年 月 日
姓名		学习完成时间	年 月 日
学习笔记			
学习心得			
学习总结			

知识单元 1.4　缺陷检测

一、焊接常见外观缺陷

1. 缺陷的定义

焊接过程中在焊接接头中产生的金属不连续、不致密或连接不良的现象，称为焊接缺陷。焊接缺陷可以分为内部缺陷和外观缺陷。外观缺陷（表面缺陷）是指不用借助于仪器，从工件表面可以发现的缺陷。本单元仅针对焊缝外观缺陷进行介绍，内部缺陷可参考焊接检验课程。

2. 外观缺陷的种类

常见的外观缺陷有咬边、焊瘤、凹陷、未焊透、未熔合及焊缝外形尺寸不符合要求等，有时还有焊接裂纹和气孔。

微课：
焊接缺陷

（1）咬边　咬边是指沿着焊趾的母材部位产生的凹陷或沟槽，它是由于电弧将焊缝边缘的母材熔化后没有得到熔敷金属的充分补充所留下的缺口，如图 1-25 所示。产生咬边的主要原因是电流太大、运条速度太快。焊条与工件间角度不正确、摆动不合理、电弧过长、焊接顺序不合理等也会造成咬边。直流电焊接时电弧偏吹也是产生咬边的一个原因。咬边多出现在立焊、横焊、仰焊等焊缝中。

（2）焊瘤　焊缝中的液态金属流淌到因加热不足而未熔化的母材上或从焊缝根部溢出，冷却后形成的未与母材熔合的金属瘤即为焊瘤，如图 1-26 所示。焊接热输入过大、焊条熔化过快、焊条质量欠佳（如偏心）、焊接电源特性不稳定及操作姿势不当等都容易产生焊瘤。焊瘤经常发生在立焊、横焊和仰焊的焊缝中，平焊时背面偶尔也会出现。

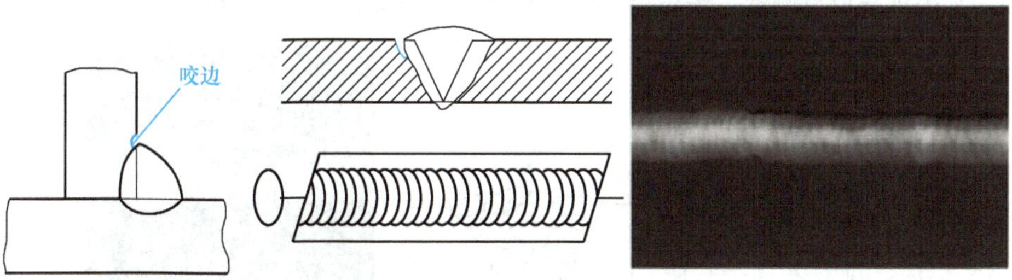

图 1-25　咬边

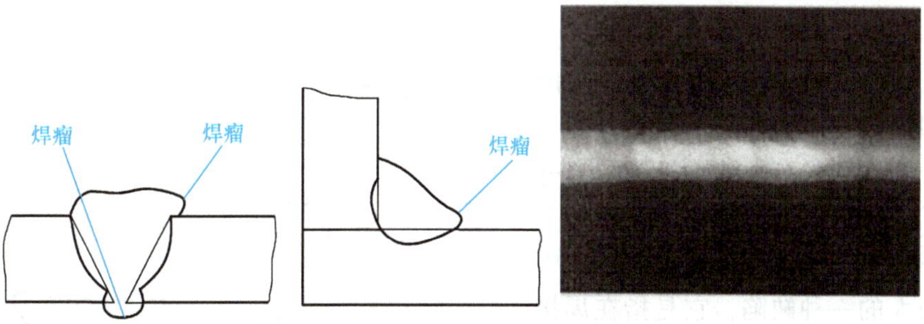

图 1-26　焊瘤

（3）凹陷　凹坑和未焊满都属于凹陷。

1）凹坑是指焊后在焊缝表面或焊缝背面形成的低于母材表面的局部低洼部分。凹坑多是由于收弧时焊条未做短时间停留造成的，如图 1-27 所示。仰、立、横焊时，在焊缝背面根部有时还可能产生内凹。

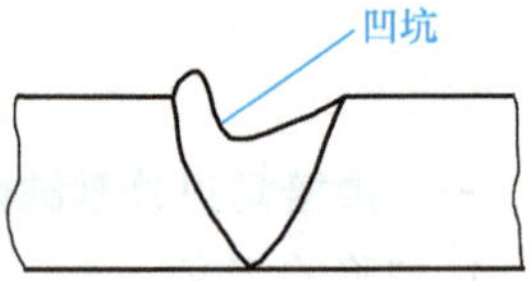

图 1-27　凹坑

2）未焊满是指焊缝表面上连续的或断续的沟槽。填充金属不足是产生未焊满的根本原因。焊接热输入偏小、焊条过细、运条不当等也会导致未焊满。

（4）未焊透　未焊透指焊接时母材金属根部未完全熔透，焊缝金属没有进入接头根部的现象，如图 1-28 所示。未焊透会减少焊缝的有效面积，严重降低焊缝的疲劳强度，产生应力集中，易导致根部产生裂纹。

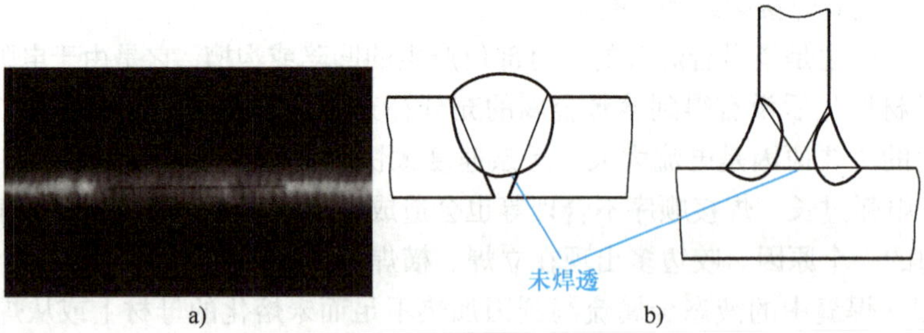

图 1-28　未焊透

（5）未熔合　未熔合是指焊缝金属与母材金属，或焊缝金属之间未完全熔透结合在一起的缺陷。常出现在坡口侧壁、多层焊的层间及焊缝的根部，如图 1-29 所示。

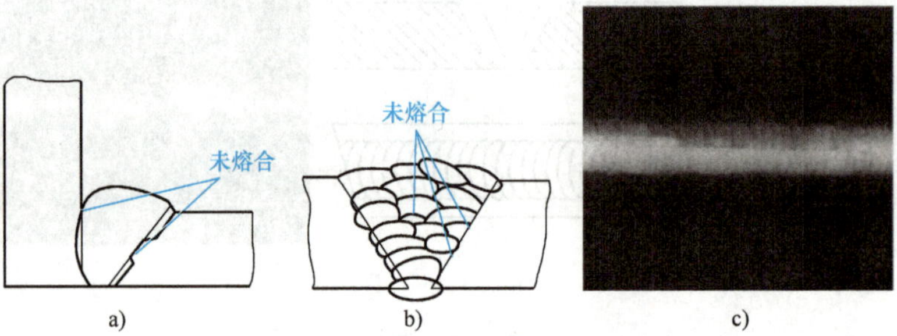

图 1-29　未熔合

（6）焊缝外形尺寸不符合要求　余高过大、焊缝宽窄不均、焊缝的平直度超差和焊缝表面高低不平，以及焊脚尺寸不符合图样要求等缺陷均视为焊缝外形尺寸不符合要求，如图 1-30 所示。

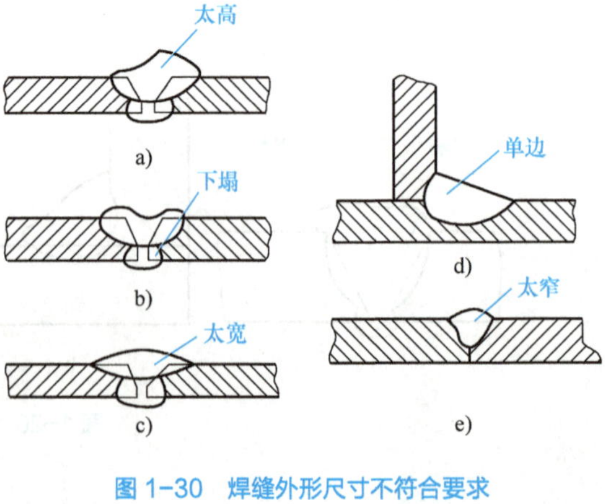

图 1-30　焊缝外形尺寸不符合要求

（7）焊接裂纹　焊接裂纹是焊件中危害性很大的一种缺陷，它是指在焊接应力及其他致脆因素共同作用下，焊接接头中局部地区的金属原子结合力遭到破坏而形成的新界面所产生的缝隙，如

图 1-31 所示。通常焊接裂纹可能出现在焊道和热影响区的表面，也可能出现在内部。常见的焊接裂纹根据生成的温度，可分为热裂纹、冷裂纹等几类。焊条电弧焊操作时，常出现弧坑裂纹。弧坑裂纹是指在焊缝收尾处、凹陷的弧坑内所形成的裂纹，属于热裂纹。焊条过快地离开熔融金属，收弧过于突然，尤其在采用大的焊接电流时，液态金属凝固时的收缩易导致弧坑裂纹的产生。

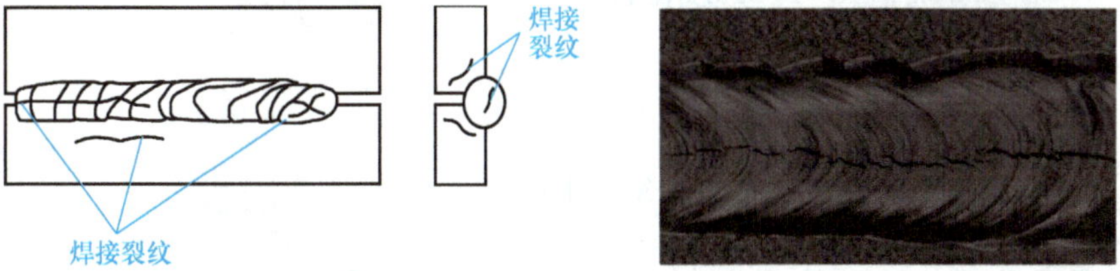

a)　　b)

图 1-31　焊接裂纹

（8）气孔　焊接时，熔池中的气泡在凝固时未能逸出而残留下来所形成的空穴称为气孔，如图 1-32 所示。焊条电弧焊出现气孔的原因除了操作技能问题外，主要是因为焊条未经过烘干，焊条及母材表面水分、氧化物未清理干净或焊接速度过快，电流过大等。

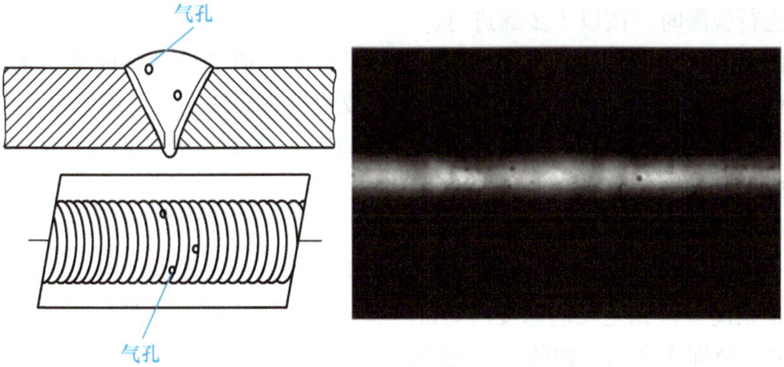

a)　　b)

图 1-32　气孔

二、外观缺陷检测

1. 检测工具

检验外观尺寸的工具有钢直尺、游标卡尺、焊接检验尺等。

（1）钢直尺　钢直尺用于测量零件或焊接缺陷的长度尺寸，是最简单的长度量具，分度值为 1mm，也可以用于测量板对接件的角变形量。

微课：
焊接检验

（2）游标卡尺　游标卡尺是一种测量长度、内外径、深度的量具，如图 1-33 所示。

（3）焊接检验尺　焊接检验尺是焊工用来测量焊件坡口角度、焊缝宽度、余高、装配间隙的一种专用量具。适用于焊接质量要求较高的产品和部件，如锅炉、压力容器等。焊接检验尺的结构

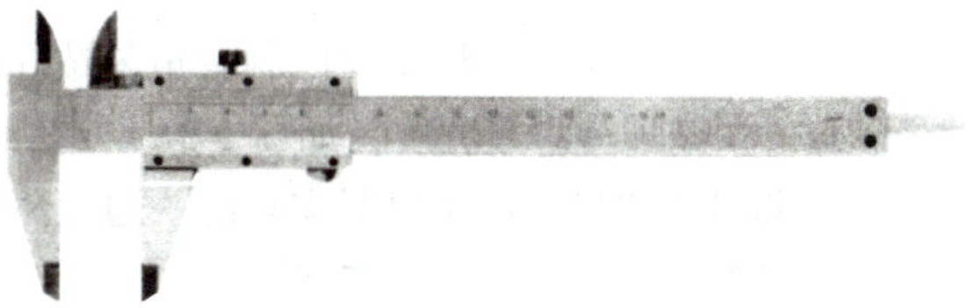

图 1-33　游标卡尺

如图 1-34 所示。

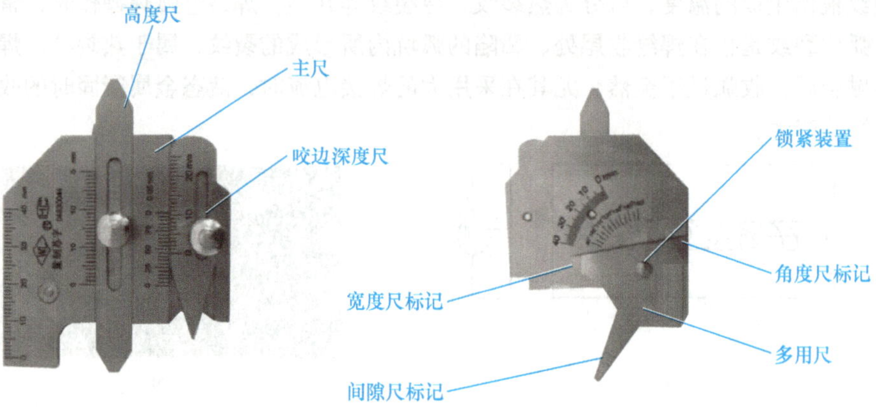

a)　　　　　　　　b)

图 1-34　焊接检验尺的结构

a）正面　b）反面

2. 检测步骤

对试件进行检测时，按以下步骤进行。

1）将焊后清理干净的试件放置在焊接检验平台上，借助放大镜或者利用肉眼观察焊缝表面有无气孔、裂纹、未焊满、未熔合、焊瘤、咬边等表面缺陷，并用记号笔做出标记。

2）借助工具（游标卡尺、焊接检验尺、钢直尺）测量焊缝外形及所发现缺陷的尺寸，根据标准判断是否合格，合格标准参考附录。

3. 焊接检验尺的应用

下面介绍焊接检验尺在焊缝公称尺寸及缺陷尺寸测量中的具体应用。

（1）测量余高　首先把咬边深度尺对准零位，拧紧固定螺钉，然后滑动高度尺与焊点接触，高度尺的示值即为余高，如图 1-35 所示。

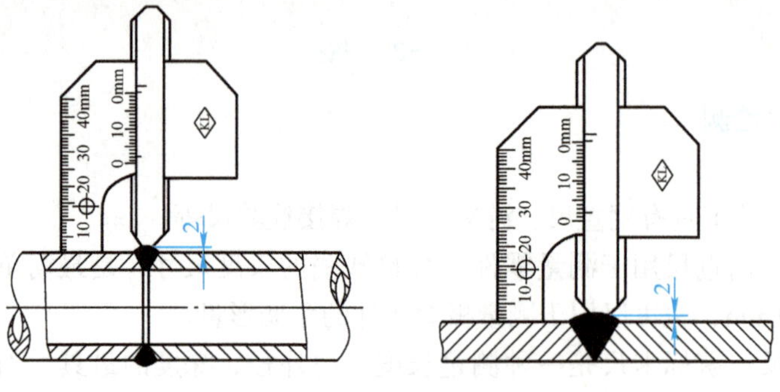

图 1-35　测量焊缝余高

（2）测量焊缝宽度　用主尺的测量角紧贴焊缝一边，然后旋转多用尺的测量角紧靠焊缝的另一边，读数即为焊缝宽度，如图 1-36 所示。

（3）测量错边量　用主尺紧靠焊缝一边，然后滑动高度尺，使其与焊缝另一边接触，高度尺示值即为错边量，如图 1-37 所示。

（4）测量咬边深度　首先把高度尺对准零位，紧固螺钉，然后使用咬边深度尺测量咬边深度，咬边深度尺示值即为咬边深度，如图 1-38 所示。

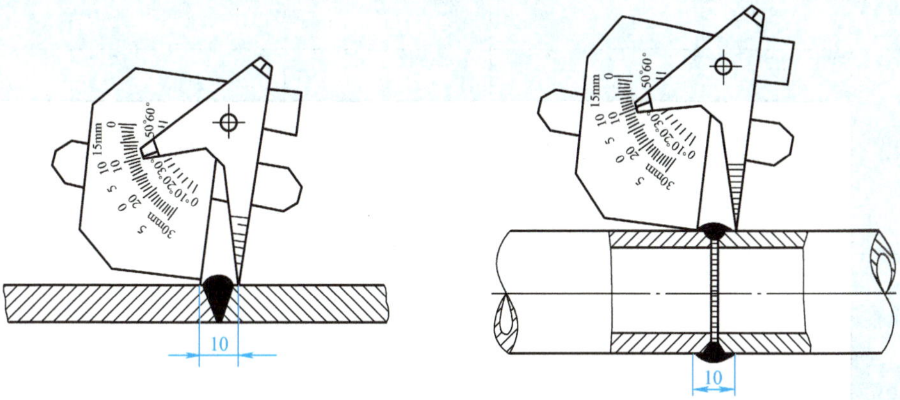

图 1-36　测量焊缝宽度

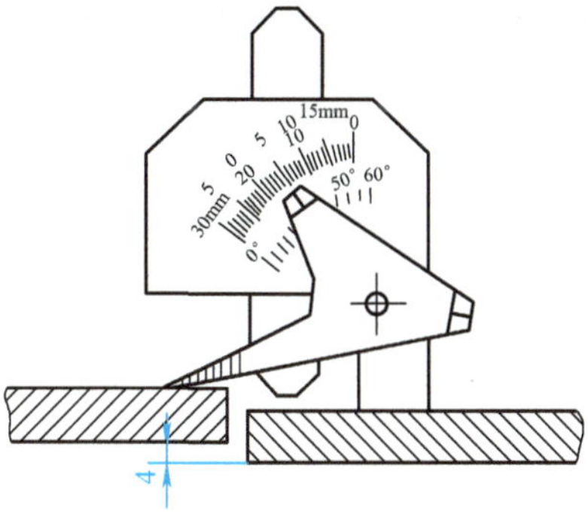

图 1-37　测量错边量

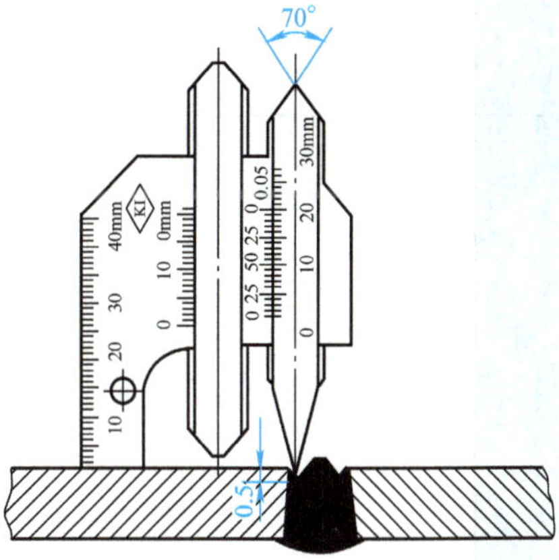

图 1-38　测量咬边深度

（5）测量焊缝厚度　在 45° 时的焊点高度为角焊缝厚度，首先把焊接检验尺主尺工作面与焊件靠紧，并滑动高度尺与焊点接触，高度尺示值即为焊缝厚度，如图 1-39 所示。

（6）测量焊脚高度　用焊接检验尺主尺的工作面紧靠焊件和焊缝，并滑动高度尺与焊件的另一边接触，高度尺示值即为焊脚高度，如图 1-40 所示。

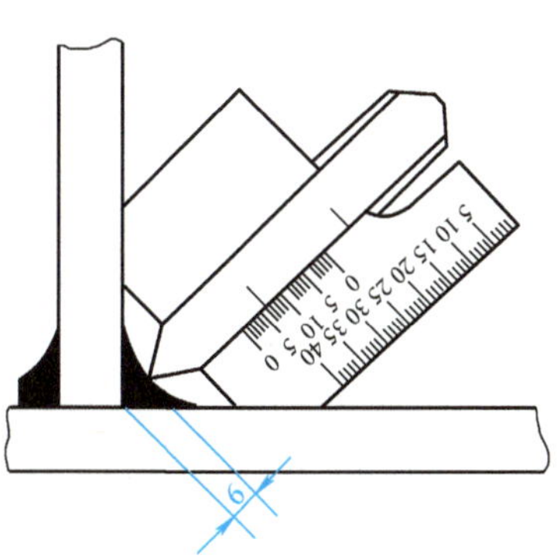

图 1-39　测量焊缝厚度

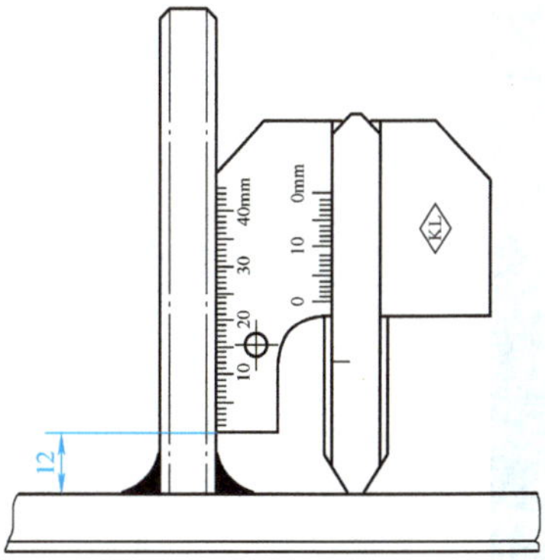

图 1-40　测量焊脚高度

学习过程记录卡

班级		学习开始时间	年　月　日
姓名		学习完成时间	年　月　日
学习笔记			
学习心得			
学习总结			

知识单元 1.5 设备与工具选用

焊条电弧焊的焊接设备主要有弧焊电源、焊钳和焊接电缆，此外还有面罩、敲渣锤、钢丝刷和焊条保温筒等辅助设备或工具。

一、弧焊电源

弧焊电源就是通常所说的电焊机，它是向焊接电弧提供电能并对其进行控制的一种电能转换设备，为焊接电弧稳定燃烧提供所需要的、合适的电流和电压。

1. 焊条电弧焊电源要求

焊条电弧焊电弧与一般的电阻负载不同，它在焊接的过程中是时刻变化的负载。因此，焊条电弧焊电源除了具有一般电力电源的特点外，还需要满足以下要求。

微课：
焊条电弧焊的
设备与工具

1）保证引弧容易。

2）保证电弧稳定。

3）保证焊接参数稳定。

4）具有足够宽的焊接参数调节范围。

2. 弧焊电源特性

（1）电弧静特性　在电极材料、气体介质和弧长一定的情况下，电弧稳定燃烧时，焊接电流与电弧电压变化的关系，称为电弧静特性。电弧静特性曲线（图 1-41）是在一定的电弧长度下，改变电弧电流，当电弧达到稳定燃烧状态时，所对应的电弧电压曲线。

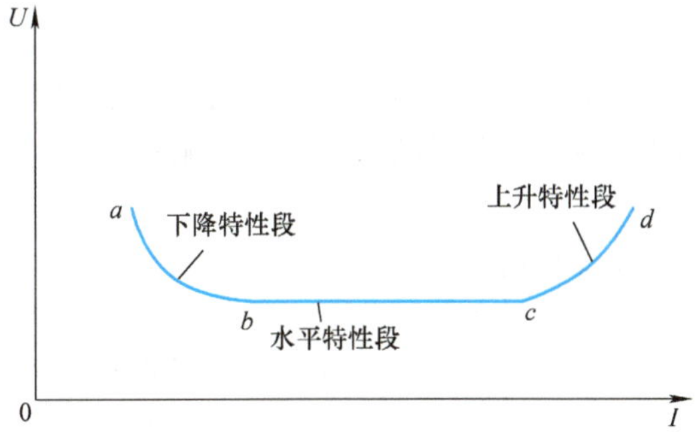

图 1-41 电弧静特性曲线

（2）弧焊电源外特性　在焊接电源参数一定的条件下，改变负载时，弧焊电源输出的电压稳定值 U 与输出电流稳定值 I 之间的关系，称为弧焊电源外特性。弧焊电源外特性曲线如图 1-42 所示。

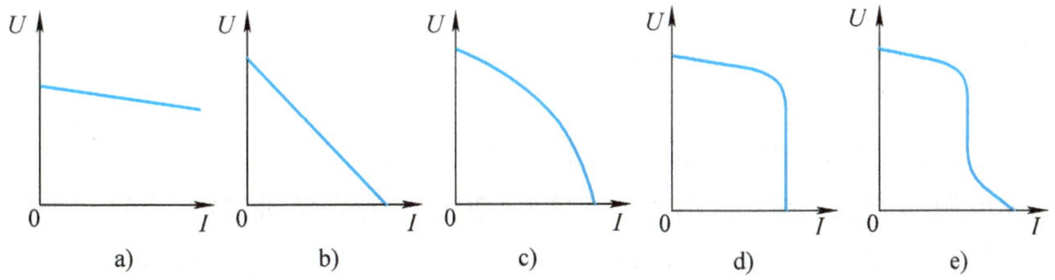

图 1-42 弧焊电源外特性曲线

a）平特性　b）缓降特性　c）陡降特性　d）垂降特性　e）垂降带外拖特性

（3）焊接电源外特性的选择　焊条电弧焊电极尺寸较大、电流密度低。在电弧稳定燃烧条件下，其电弧静特性处于U形曲线的水平段（*bc*），如图1-41所示。故首先要求电源外特性曲线与电弧静特性曲线的水平段相交，即要求焊条电弧焊的电源应具有下降的外特性。再从焊接参数稳定性考虑，要求电源外特性形状陡降一些为好，因为对于相同的弧长变化，陡降外特性电源所引起的电流变化比缓降外特性电源所引起的电流变化小得多，如图1-43所示的弧焊电源外特性形状对电流稳定性的影响。焊条电弧焊过程中，弧长的变化是经常发生的，为了保证焊接参数的稳定，从而获得均匀一致的焊缝，要求焊接电源具有陡降的外特性。

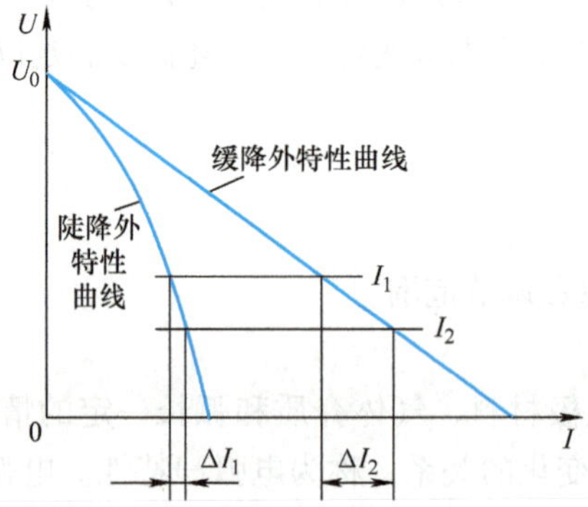

图1-43　弧焊电源外特性形状对电流稳定性的影响

3. 弧焊电源型号与铭牌

（1）弧焊电源的型号　根据GB/T 10249—2010《电焊机型号编制方法》，电焊机型号采用汉语拼音字母和阿拉伯数字表示。电焊机型号的各项编排次序如图1-44所示。

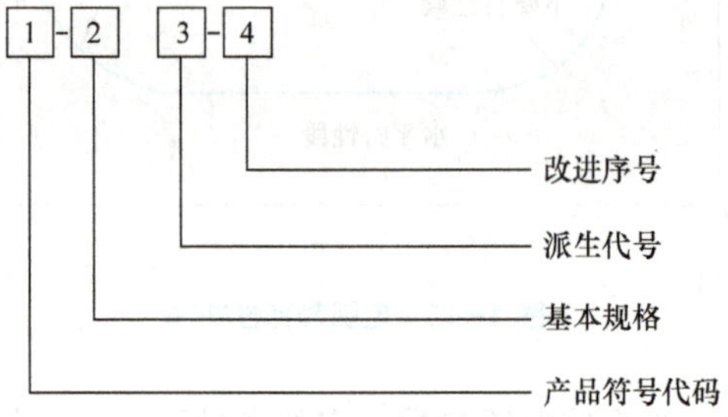

图1-44　电焊机型号的各项编排次序

1）型号中2、4各项用阿拉伯数字表示。

2）型号中3项用汉语拼音字母表示。

3）型号中3、4项如不用时，可空缺。

4）改进序号按产品改进程序用阿拉伯数字连续编号。

（2）弧焊电源的铭牌　根据GB/T 15579.1—2013《弧焊设备 第1部分：焊接电源》，每台焊接电源上都有铭牌，其作用是向用户说明焊接电源的电气特性及弧焊电源型号，以便正确选择焊接电源。铭牌内容包括：标志，焊接输出的全部数据，能量输入等内容。铭牌大小不做规定，可自行选择。

4. 常用焊条电弧焊电源类型

目前，我国焊条电弧焊所使用的焊接电源主要有三类，即弧焊变压器、直流弧焊发电机和弧焊整流器。

（1）弧焊变压器　弧焊变压器一般称为交流弧焊机，它是一个特殊的降压变压器。与普通电力变压器相比，其区别在于：为了保证电弧引燃并能稳定燃烧和得到陡降的外特性，常用的交流弧焊变压器必须具有较大的漏感，而普通变压器的漏感很小。根据增大漏感的方式和其结构特点，这类交流弧焊变压器有动铁心式（BX1-200、BX1-300、BX1-500）、动线圈式（BX3-300、BX3-500）和变换抽头式（BX6-120）等类型，如图 1-45 所示。

a)　　b)

图 1-45　交流弧焊变压器

（2）直流弧焊发电机　直流弧焊发电机由一台交流电动机和一台弧焊发电机组成，由交流电动机带动弧焊发电机发出直流焊接电流，如图 1-46 所示。直流弧焊发电机分为裂极式（AX-320）、差复励式（AX1-500、AX7-500）和换向极去磁式（AX4-300）。直流弧焊发电机与弧焊变压器相比，具有引弧容易、电弧稳定、过载能力强等优点，其缺点是效率低、空载损耗大、噪声大、造价高、维修难，在我国目前大力提倡节约能源的情况下，一般很少使用。

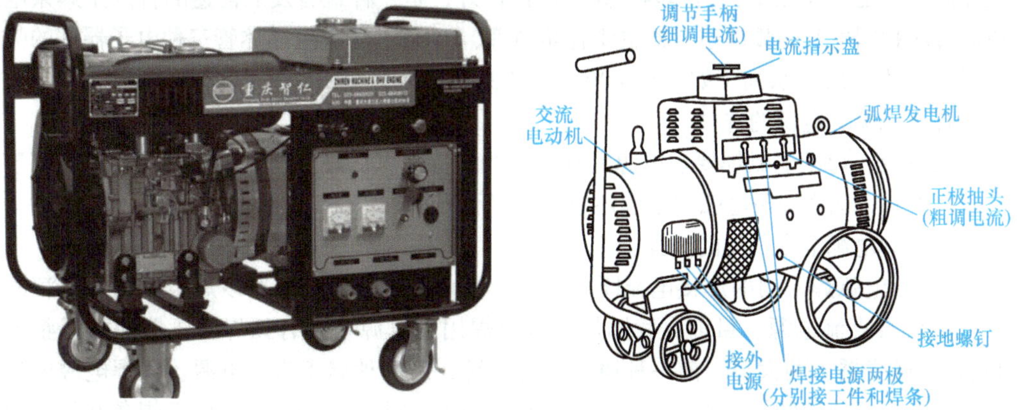

a)　　b)

图 1-46　直流弧焊发电机

（3）弧焊整流器 弧焊整流器是一种直流弧焊电源，与直流弧焊发电机相比，它具有制造方便、价格低、空载损耗少、噪声小等优点，而且大多数弧焊整流器可以远距离调节焊接参数，能自动补偿电网电压波动输出对输出电压和电流的影响。弧焊整流器可分为硅弧焊整流器（图1-47a）、晶闸管式弧焊整流器（图1-47b）和弧焊逆变器（图1-47c）。

a) b) c)

图1-47 弧焊整流器

a）硅弧焊整流器 b）晶闸管式弧焊整流器 c）弧焊逆变器

1）硅弧焊整流器由三相变压器和硅整流器组成。交流电源经过降压和硅二极管的桥式全波整流获得直流电，并且通过电抗器（交流电抗器或磁饱和电抗器）调节焊接电流，达到陡降的外特性。

2）晶闸管式弧焊整流器是用晶闸管作为整流元件，由于晶闸管具有良好的可控性，因此，焊接电源外特性、焊接参数的调节，都可以通过改变晶闸管的触发延迟角来实现。它的性能优于硅弧焊整流器，目前已成为一种主要的直流弧焊电源。我国生产的晶闸管式弧焊整流器有ZX5系列和ZDK-500型等。

3）弧焊逆变器可将50Hz的交流网路电压先经过整流器和滤波器变为直流电，随后再经过大功率电子开关元件的交替开关作用，将直流电变为几千或几万Hz的交流电，同时经变压器降至适合焊接的电压，然后再次整流并经电抗滤波输出相当平稳的直流焊接电流。弧焊逆变器高效节能、体积小、功率因数高、焊接性好，是一种最有发展前途的普及型焊条电弧焊机。目前我国生产的弧焊逆变器主要有晶闸管、IGBT、场效应晶体管三种电子器件的弧焊逆变器，产品有ZX7系列（如ZX7-400、ZX7-315ST等）。

5. 焊条电弧焊电源的选择

前已述及，焊条电弧焊要求电源具有陡降的外特性、良好的动特性和合适的电流调节范围。除此以外，选择焊条电弧焊电源还应考虑以下因素。

（1）弧焊电源电流种类的选择

1）焊条电弧焊采用的焊接电流既可以是交流也可以是直流，所以焊条电弧焊电源既有交流电源也有直流电源。目前，我国焊条电弧焊用的电源主要有弧焊变压器和弧焊整流器（包括弧焊逆变器）两大类。前一种属于交流电源，后一种属于直流电源。弧焊电源电流的种类主要根据所使用的焊条类型和所要焊接的焊缝形式进行选择。低氢钠型焊条必须选用直流弧焊电源，以保证电弧稳定燃烧。酸性焊条虽然交、直流均可使用，但一般选用结构简单且价格较低的交流弧焊电源。

2）弧焊变压器用以将电网的交流电变成适宜于弧焊的交流电。与直流弧焊电源相比，弧焊变压器具有结构简单、制造方便、使用可靠、维修容易、效率高和成本低等优点，在焊接生产应用中仍占很大的比例。弧焊整流器目前国内主要应用的是晶闸管式和逆变式，其引弧容易、性能柔和、电弧稳定、飞溅少。

（2）弧焊电源的极性接法和容量选择

1）用直流弧焊电源焊接时，工件和焊条与电源输出端正、负极的接法，称为极性接法。工件接直流电源正极，焊条接负极时，称为正接或正极性接法；工件接负极，焊条接正极时，称为反接或反极性接法。不同类型的焊条要求用不同的接法，一般在焊条说明书上都有规定。用交流弧焊电源焊接时，极性在不断变化，所以不用考虑极性接法。

2）焊条电弧焊时，应根据焊件所需的焊接电流范围和实际负载持续率来选择弧焊电源的容量，即弧焊电源的额定焊接电流。额定焊接电流是在额定负载持续率条件下允许使用的最大焊接电流，焊接过程中使用的焊接电流值如果超过这个额定焊接电流值，就要考虑更换额定电流值大一些的弧焊电源或者降低弧焊电源的负载持续率。

二、焊条电弧焊常用的工具及辅助工具

1. 焊钳

焊钳是用以夹持焊条进行焊接不可缺少的重要工具。焊钳的功能主要是夹持焊条，并经焊接电缆向焊条传导焊接电流，便于焊工操纵焊条。因此焊钳应具有良好的导电性、手柄温升低、重量轻、夹持焊条牢固和更换焊条方便等性能。焊钳及其典型结构如图 1-48 所示。焊钳的技术特性参数见表 1-11。

a)

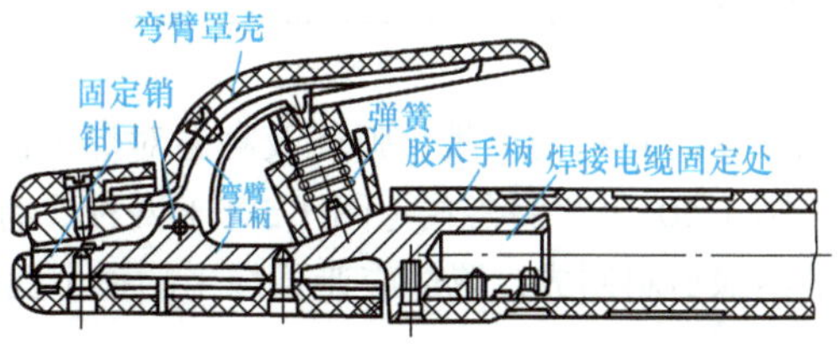

b)

图 1-48 焊钳及其典型结构

表 1-11 焊钳的技术特性参数

主要技术特性参数		型号		
		160A	300A	500A
额定承载电流 /A		160	300	500
不同负载持续率	60%	160	300	500
	35%	220	400	560

2. 地线夹钳

地线夹钳装在地线的终端，其作用是保证地线与焊件可靠接触。螺旋卡头（图 1-49a）

适用于大中型焊件的焊接；钳式夹钳（图 1-49b）适用于经常更换的焊件的焊接；固定式卡头（图 1-49c）适用于地线固定在焊接胎夹具、工作台等固定位置的焊接。地线夹钳可根据需要自行制造，地线卡头与焊件的接触部分应尽量采用铜质材料。

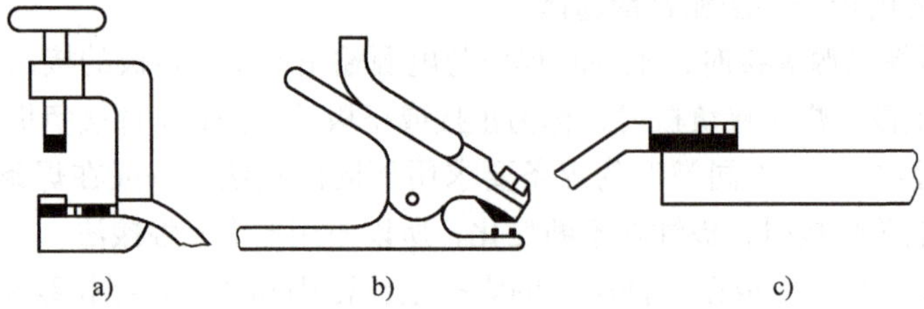

图 1-49　地线夹钳的形式

a）螺旋卡头　b）钳式夹钳　c）固定式卡头

3. 焊接电缆

焊接电缆是从焊接电源向焊钳和焊件传递焊接电流的关键部件。焊接电缆除了要有足够的导电截面、外包橡胶套管绝缘外，还应有较好的柔软性，易于弯曲，便于焊接操作。焊接电缆通常采用多股细铜线绞制而成，其规格见表 1-12。

表 1-12　焊接电缆规格

型号	截面规格 /mm²							
YHH	16	25	35	50	70	95	120	150
YHHR	6	10	16	25	35	50	70	95

4. 面罩和护目镜

面罩是防止焊接飞溅、弧光及高温对焊工面部及颈部灼伤的一种工具。面罩一般分为手持式（图 1-50a）和头盔式（图 1-50b）两种，有时也用光电式（图 1-50c）。要求选用耐燃或不燃的绝缘材料制成，罩体应遮住焊工的整个面部，结构牢固、不漏光。

操作技能：
焊工面罩的安装与使用

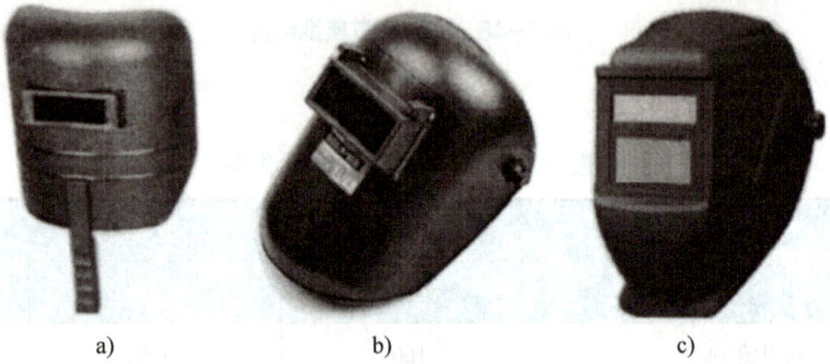

图 1-50　焊工面罩

a）手持式　b）头盔式　c）光电式

面罩正面安装有护目滤光片（即护目镜），起减弱弧光强度、过滤红外线和紫外线以保护焊工眼睛的作用。护目镜按亮度的深浅不同分为 6 个型号（7 ~ 12 号），号数越大，色泽越深。在护目镜片外侧，应加一块尺寸相同的一般玻璃，以防止护目镜被金属飞溅污损。使用面罩和护目镜也给焊工操作带来了不便，为此发展了一种光电式护目镜片，可解决这一问题。

5. 敲渣锤

采用焊条焊接时，焊缝表面都会形成一定厚度的焊渣，焊后必须加以清除，特别是在多层多道焊缝焊接时，必须逐层清渣，否则容易形成夹渣。一般情况下，通常使用手动敲渣锤（图 1-51a）清渣。如果焊缝较长，则可以使用气动敲渣锤（图 1-51b）清渣，可加快清渣速度，提高清渣的效果。

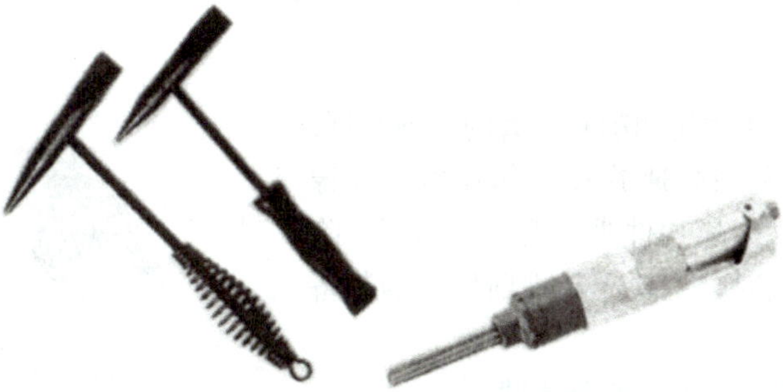

a)　b)

图 1-51　敲渣锤

a）手动敲渣锤　b）气动敲渣锤

6. 钢丝刷

钢丝刷可以清除焊缝边缘尖角处或焊缝与母材侧壁交界处的铁锈、焊渣和污物，同时还可以起到抛光的作用，如图 1-52 所示。

a)　b)

图 1-52　钢丝刷

a）手动钢丝刷　b）电动钢丝刷刷头（与电动工具配合使用）

7. 焊条保温筒

焊条保温筒是盛装已烘干的焊条，且能保持一定温度以防止焊条受潮的一种桶形容器，有立式和卧式两种，内装焊条 2.5 ~ 5kg，如图 1-53 所示。通常利用弧焊电源一次电压对筒内进行加热，温度一般在 100 ~ 450℃之间。使用低氢型焊条焊接重要结构时，焊条必须先进烘箱焙烘，烘干温度和保温时间因材料和季节而异。焊条从烘箱内取出后，应储存在焊条保温筒内，焊工可随身携带到现场，随用随取。

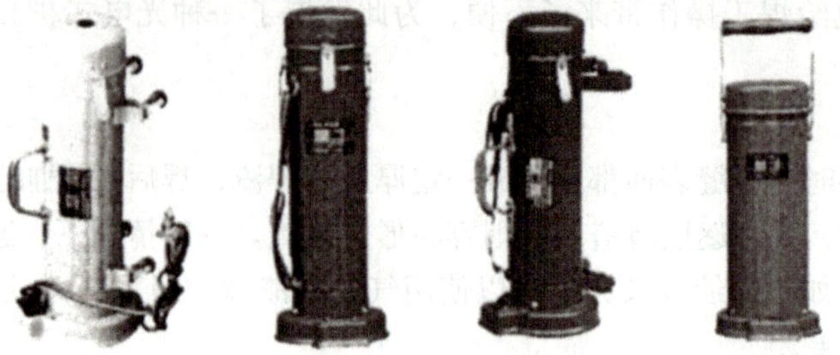

图 1-53 焊条保温筒

8. 角向磨光机

角向磨光机是利用砂轮切削和打磨的一种磨具，如图 1-54 所示。它利用高速旋转的薄片砂轮或橡胶砂轮、钢丝轮等对金属构件进行磨削、切削、除锈、磨光加工。焊接时，主要用于焊前坡口的制备与清理。

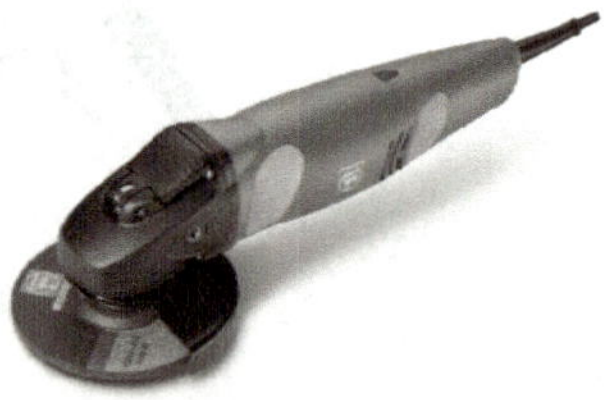

图 1-54 角向磨光机

三、焊条电弧焊设备的安装与调试

焊条电弧焊设备的基本组成及其连接方式如图 1-55 所示。

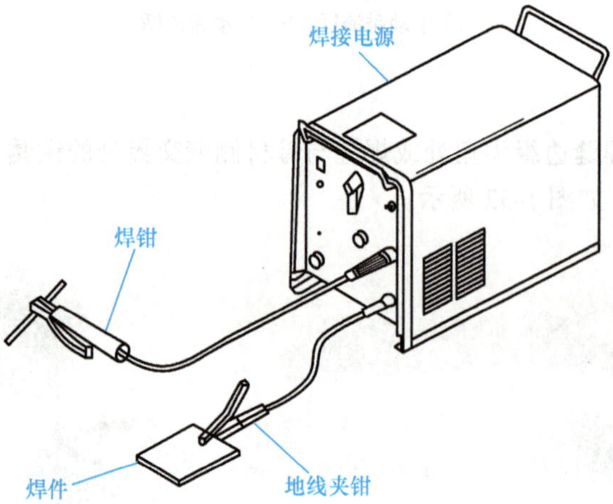

图 1-55 焊条电弧焊设备的基本组成及其连接方式

1. 焊接电源的安装

（1）安装前检查

1）绝缘检查。

① 新电焊机或长期搁置的电焊机，在安装前必须采用手风器（皮老虎）或压缩空气吹去灰尘，然后检查其绝缘电阻。一般用 500V 绝缘电阻表进行测定，测定要求：一次线圈和二次线圈的绝缘电阻应不小于 1MΩ，二次线圈和电流调节器线圈的绝缘电阻应不小于 0.5MΩ。

② 在测定时，如果绝缘电阻表指针为 0，则表示线圈与铁心、外壳间短路，应设法消除。若绝缘电阻表指针不为 0，但又达不到绝缘电阻值时，则说明电焊机线

圈受潮，可将电焊机放在干热的环境中，例如靠近热烘炉或电炉等处，使其被烘干，待绝缘电阻恢复正常值后方可使用。

2）整机及附件检查。新电焊机经长途运输受振动，容易在内部出现某些损坏。因此，在安装前先要检查其内部各接线端是否连接良好，有无松动；外部接线螺栓、螺母是否齐全、完好；面板上各旋钮是否齐全、灵活；调节范围有无死区等。若发现故障，则应在电焊机安装前及时排除。对于新电焊机，还应根据装箱清单仔细核对电焊机附件是否齐全。

（2）安装

1）固定式电焊机动力线的安装。将选择好的熔断器和空气开关装在电气柜上，电气柜固定在墙上，并接入具有足够容量的电网。用选好的动力线将电焊机输入端与电气柜连接。接线时，应注意电焊机铭牌上所标的一次电压值。一次电压有 380V、220V、380V/220V 两用，必须使线路电压与电焊机额定电压一致；在几台电焊机同时安装时，还应注意电网的三相负载平衡。

2）移动式电焊机临时动力线的安装。在室外工作的移动式电焊机，经常要架临时动力线。为保证安全用电，临时动力线除应具备合适的容量外，还应要求绝缘良好、机械强度高，一般采用橡胶护套软电缆。临时动力线应尽量架空敷设，可沿现场建筑物、构架、管道等架设。如果沿地面敷设，应加以保护，如盖上木槽板或穿入管道内等。另外，临时动力线应尽量短，还应有开关控制，上班合闸、下班拉闸，焊接工作完成后应及时拆除。

3）接地线的安装。为了防止焊接电源绝缘损坏而引起触电事故，电焊机外壳必须可靠接地。接地线应选用单独的多股软线，其截面不小于相线截面的二分之一。接地线与机壳的连接点应保证接触良好、连接牢固。

4）焊接电缆的安装。在安装焊接电缆之前，必须首先将电缆铜接头、焊钳或地线夹钳可靠地装在焊接电缆两端。电缆铜接头要牢牢卡在电缆端部的铜线上，并且要灌锡，保证接触良好和具有一定的结合强度。

（3）安装后检查　电焊机安装后，须经试焊检验后方可交付使用。在接线完毕、检查无误后，先接通电源，用手背接触电焊机外壳，若感到轻微振动，则表示电焊机一次线圈已通电，此时电焊机输出端应有正常空载电压（60 ~ 80V）。然后将电焊机焊接电流调到最大及最小，分别进行试焊，检验电焊机电流调节范围是否正常、可靠。在试焊中，应观察电焊机是否有异味、冒烟、噪声等现象。如有上述异常现象发生，应及时停机检查、排除故障。经检查及试焊后，确定电焊机工作正常，方可投入使用，至此电焊机安装工作完成。

2. 焊接电源的调试与使用

正式焊接前，通过焊接电源面板上的旋钮，可以对焊接电流、引弧电流、推力电流等焊接参数进行调节，以适应焊接工艺。在焊接电源面板上调整好焊接电流、推力电流等焊接参数后试焊，如果焊接电弧稳定燃烧、引弧和熄弧容易，则说明焊接电源调试完好。

平时工作生产中要正确地使用和维护焊接电源，这样不仅可以保证其正常工作，而且还能延长其使用寿命。焊接设备在使用过程中应该注意以下几个问题。

1）焊接操作前，应仔细检查各部分的线路是否连接准确，尤其是焊接电缆的接头处是否拧紧，以防过热或烧损。

2）空载运行时，留意观察电焊机的冷却情况，一般情况下，焊条电弧焊电源采用风扇冷却。如果冷却系统不能正常工作，应停机检查，以免烧损内部电子元件。

3）弧焊电源接入电网后或进行焊接操作时，不得随意移动或打开机盖，以免触电。

学习过程记录卡

班级		学习开始时间	年　月　日
姓名		学习完成时间	年　月　日
学习笔记			
学习心得			
学习总结			

知识单元 1.6 焊工资质认证

一、概述

1. 焊工的定义

焊工是采用合适的焊接方式、合理的焊接工艺、适当的焊接设备，采用同材质或不同材质的填充物，将金属或非金属工件紧密连接的一个工种。根据《焊工国家职业技能标准》，焊工是操作电焊机或焊接设备进行金属工件焊接的人员。焊工有电焊工、气焊工、钎焊工、焊接设备操作工等，焊条电弧焊操作工属于电焊工。

2. 职业技能等级

根据从业人员职业活动范围、工作责任和工作难度的不同，焊工这个职业共分为五级，由低到高分别为：五级 / 初级技能、四级 / 中级技能、三级 / 高级技能、二级 / 技师、一级 / 高级技师。《焊工国家职业技能标准》中又对气焊工、钎焊工进行了职业等级划分，其中气焊工只设五级 / 初级技能、四级 / 中级技能两个等级；钎焊工设立五级 / 初级技能、四级 / 中级技能、三级 / 高级技能和二级 / 技师四个等级。

二、焊工职业鉴定

1. 培训

从业人员达到高一级技能等级需要接受高职、中专院校或具有培训焊工资质的培训机构培训（包括理论知识学习和操作技能培训）的最低时间要求：初级技能不少于 280 标准学时；中级技能不少于 320 标准学时；高级技能不少于 240 标准学时；技师不少于 180 标准学时；高级技师不少于 200 标准学时（注：1 标准学时为 45min）。

2. 职业技能鉴定的申报条件

《焊工国家职业技能标准》对各级别的申报条件做了以下规定。

（1）具备以下条件之一者，可申报五级 / 初级技能

1）经本职业工种五级 / 初级技能正规培训达到规定标准学时数，并取得结业证书。

2）连续从事本职业工种工作 1 年以上。

3）本职业工种学徒期满。

（2）具备以下条件之一者，可申报四级 / 中级技能

1）取得本职业工种五级 / 初级技能职业资格证书后，连续从事本职业工种工作 3 年以上，经职业工种四级 / 中级技能正规培训达到规定标准学时数，并取得结业证书。

2）取得本职业工种五级 / 初级技能职业资格证书后，连续从事本职业工种工作 4 年以上。

3）连续从事本职业工种工作 6 年以上。

4）取得技工学校毕业证书或取得经人力资源社会保障行政部门审核认定、以中级技能为培养目标的中等及以上职业学校本专业毕业证书（含尚未取得毕业证书的在校应届毕业生）。

（3）具备以下条件之一者，可申报三级 / 高级技能

1）取得本职业工种四级 / 中级技能职业资格证书后，连续从事本职业工种工作 4 年以上，经本职业工种三级 / 高级技能正规培训达到规定标准学时数，并取得结业证书。

2）取得本职业工种四级 / 中级技能职业资格证书后，连续从事本职业工种工作 5 年以上。

3）取得本职业工种四级 / 中级技能职业资格证书，并具有高级技工学校、技师学院毕业证书；或取得四级 / 中级技能职业资格证书，并经人力资源社会保障行政部门审核认定、以高级技能为培养目标、具有高等职业学校本专业毕业证书（含尚未取得毕业证书的在校应届毕业生）。

4）具有大专及以上本专业或相关专业毕业证书，并取得本职业工种四级 / 中级技能职业资格证书，连续从事本职业工种工作 2 年以上。

（4）具备以下条件之一者，可申报二级 / 技师

1）取得本职业工种三级 / 高级技能职业资格证书后，连续从事本职业工种工作 3 年以上，经本职业工种二级 / 技师正规培训达到规定标准学时数，并取得结业证书。

2）取得本职业工种三级 / 高级技能职业资格证书后，连续从事本职业工种工作 4 年以上。

3）取得本职业工种三级 / 高级技能职业资格证书的高级技工学校、技师学院本专业毕业生，连续从事本职业工种工作 3 年以上；取得预备技师证书的技师学院毕业生连续从事本职业工种工作 2 年以上。

（5）具备以下条件之一者，可申报一级 / 高级技师

1）取得本职业工种二级 / 技师职业资格证书后，连续从事本职业工种工作 3 年以上，经本职业工种一级 / 高级技师正规培训达到规定标准学时数，并取得结业证书。

2）取得本职业工种二级 / 技师职业资格证书后，连续从事本职业工种工作 4 年以上。

3. 职业技能鉴定的内容及时间

焊工职业技能鉴定分为理论知识考试和技能操作考核。理论知识考试时间为 60 ~ 120min。技能操作考核时间：初级不少于 60min；中级不少于 90min；高级不少于 120min；技师不少于 90min；高级技师不少于 60min。综合评审时间为 20 ~ 40min。

职业技能鉴定基本要求可参考《焊工国家职业技能标准》。焊工职业技能鉴定相关焊条电弧焊考核项目见表 1-13。

表 1-13 焊工职业技能鉴定相关焊条电弧焊考核项目

技能级别	考核项目内容
初级	1）厚度 t=8 ~ 12mm 的低碳钢板或低合金钢板角接接头和 T 形接头焊接
	2）厚度 $t \geqslant$ 6mm 的低碳钢板或低合金钢板对接平焊
	3）管径≥ ϕ60mm 的低碳钢管水平转动对接焊
中级	1）管板插入式或骑座式焊接的单面焊双面成形
	2）厚度 $t \geqslant$ 6mm 低碳钢板或低合金钢板的对接立焊单面焊双面成形
	3）厚度 $t \geqslant$ 6mm 低碳钢板或低合金钢板的对接横焊单面焊双面成形
	4）管径≥ ϕ76mm 低碳钢管或低合金钢管的对接水平固定、垂直固定或 45° 固定焊接
高级	1）厚度 $t \geqslant$ 6mm 低碳钢板或低合金钢板对接仰焊的单面焊双面成形
	2）管径≤ ϕ76mm 低碳钢管或低合金钢管垂直固定、水平固定或 45° 固定加排管障碍的单面焊双面成形
	3）管径≤ ϕ76mm 不锈钢管对接水平固定、垂直固定或 45° 倾斜固定的焊接
	4）管径≤ ϕ76mm 异种钢管对接水平固定、垂直固定或 45° 倾斜固定的焊接

三、人员从业上岗资质

1. 特种作业资格证

焊接过程涉及电、光、热、电磁辐射、有害气体、粉尘、易燃易爆气体、高空作业等不安全因素，其安全教育得到重视。我国在 1999 年 10 月 1 日起便施行《特种作业人员安全技术培训考核管理办法》对此加以管理，其证书采用 IC 卡形式，俗称“焊工 IC 卡”。该办法系强制性法规，该办法规定：焊工上岗前须参加特种作业人员安全技术培训并考核合格，其内容主要是焊割技术及安全的基本知识及技能。目前该项工作由国家安全监督系统实施监管，这项工作通常为属地管理。

由于近年来国家对安全生产的重视与法规的完善，政府职能部门执法力度的加强，对无证（特种作业操作证焊工）上岗处罚力度加强，“特种作业人员安全技术培训”工作开展较为正常。

2. 焊工资格要求

焊接涉及行业及部门较多，不同行业或部门都出台了相应的标准或规范指导，以对焊工进行考核。对焊接操作岗位的基本要求一般都有：学历（初中或相关技校以上）、身体健康（视力有特别要求）、对焊接工艺的理解力等。常见国内焊工及焊接操作工资格要求见表 1-14。这里应特别注意的是，取得某一类焊工资格也不能确保能从事该行业所有产品的焊接。焊工资格都有一定的适用范围，如焊接方法、焊缝形式、焊接材料、焊接位置等，以考试合格项目代号的形式表示，并附于相关资格证书内以备核查。具体考核项目及要求可参考各行业标准要求或相关文件。

表 1-14　常见国内焊工及焊接操作工资格要求

行业 / 产品	标准 / 规范	岗位 / 工种	资格要求
民用核安全设备	民用核安全设备焊工焊接操作工资格管理规定（HAF603）	焊工、焊接操作工	从事民用核安全设备的焊接需参加考核并取得民用核安全设备焊工焊接操作工资格证，有效期限为 3 年
特种设备（承压类设备和机电类设备）	TSG Z6002—2010《特种设备焊接操作人员考核细则》	焊工、焊接操作工	焊接设备受压受力焊缝应持有特种设备作业人员证，每四年复审一次
船舶	中国船级社《材料与焊接规范》	船舶与海上设施焊工、船用锅炉压力容器焊工	船体及海上设施的结构、机械、锅炉与压力容器及管系等的焊接需持焊工资格证书，有效期均为 3 年
电力	DL/T 679—2012、DL/T 754—2013、DL/T 1097—2023	Ⅲ类焊工（电焊机操作工）、Ⅱ类焊工、Ⅰ类焊工	电力行业规定部件焊接需持焊工合格证，有效期均为 4 年
钢结构	T/CECS 331—2021《钢结构焊接从业人员资格认证标准》	焊接从业人员	钢结构焊接从业人员资格证、钢结构焊工合格证

随着国际项目的增多，为了适应我国制造业国际化的发展，焊工及焊接操作工在上岗前还必须按照相应国际标准和规范取得作业资格，如 ISO/EN、AWS、ASME 等标准体系要求。

学习过程记录卡

班级		学习开始时间	年 月 日
姓名		学习完成时间	年 月 日
学习笔记			
学习心得			
学习总结			

知识单元 1.7　安全文明生产

一、安全操作规程

1. 对安全工作的一般要求

1）焊接操作者必须持证上岗，严格遵守和执行安全操作规程。

2）从事焊接工作的人员，应加强安全教育，落实安全措施，组织有关人员定期检查安全工作。

3）焊接操作结束以后，应仔细检查焊接场地及其周围，确认没有事故隐患之后方可离开现场。

4）焊接车间、实训场地必须备有消防设备，如消防栓、砂箱和灭火器材等，并且要有明显的标识。

2. 防火、防爆、防毒的安全措施

1）在焊接场所周围 10m 范围内不允许有易燃、易爆物品，焊接场所内的空气中不允许有可燃气体、液体燃料的蒸气及爆炸性粉尘等。

2）一般情况下，禁止焊接有压力（液体压力、气体压力）及带电的设备。

3）对于有残存油脂或可燃液体、可燃气体的容器，焊接前应先用蒸汽和热碱水冲洗，并打开密封口，确定容器确实清洗干净并干燥后方可进行焊接。密封容器内不准进行焊接作业。

微课：
焊接安全与环境

4）焊接场所内必须注意通风，特别是在锅炉或容器内焊接作业时，应有监护人员，且必须采取良好的通风措施，及时将烟尘和有害气体排出。在焊接黄铜、铅等有色金属时，必须要有通风除尘装置，以免中毒。防火、防爆、防毒标识图如图 1-56 所示。

图 1-56　防火、防爆、防毒标识图

3. 防止触电的安全措施

1）检查电焊机和所使用的工具是否安全。

2）电焊机接通电源后，人体不能接触带电部位。

3）应经常检查焊接电缆，保证电缆有良好的绝缘性。

4）经常检查电焊钳，使其具有良好的绝缘和隔热能力。

5）做好个人防护。

6）在潮湿的环境焊接时，应在脚下垫干燥的木板或橡胶板，以保证绝缘。

7）在夜间或较暗处工作需使用照明灯时，其电压不应超过36V。

8）焊接工作结束后，电焊机必须拉闸断电。

9）电焊机的安装、修理和检查应由电工负责，焊工不得擅自拆修。

10）改变电焊机接头、移动工作地点、根据焊接需要改接二次线路、检修焊机的故障和更换熔断丝时，必须切断电源。

二、焊接生产中的劳动保护

1. 光辐射的防护

弧光辐射是所有明弧焊共同存在的有害因素。焊条电弧焊的弧温为5000～6000℃，因而可产生较强的光辐射。

光辐射的防护措施主要有佩戴护目镜、穿着防护工作服、戴电焊手套、穿工作鞋等，有条件的车间还可以采用不反光而又能吸收光线的材料制作室内墙壁的饰面进行车间弧光防护。

2. 高频电磁场的防护

高频电磁场通过焊钳电缆线与人体空间的电容耦合，即有脉冲电流通过人体，对人体造成不良影响。高频电磁场的防护要做到：

1）工件良好接地，降低高频电流，从而减小高频感应的有害影响。

2）在不影响使用的情况下，降低振荡器频率。

3）加装屏蔽盒屏蔽焊接电缆及地线。

4）降低作业现场的温度、湿度。

3. 噪声的控制

焊接车间的噪声不得超过90dB。控制噪声的方法有：

1）采用低噪声工艺及设备。

2）采取隔声措施。

3）采取吸声降噪措施，降低室内混响声。

4）操作者佩戴隔音耳罩或隔音耳塞等个人防护器材。

4. 粉尘及有害气体的防护

焊接电弧的高温将使金属剧烈蒸发，焊条和母材在焊接时也会产生各种金属气体和烟雾，它们在空气中冷凝并氧化成粉尘。减少粉尘及有害气体的措施有：

1）降低焊接材料的发尘量和烟尘毒性。

2）提高焊接机械化和自动化程度。

3）加强通风。

4）佩戴防护面具。

三、焊接生产中的安全技术

1. 焊工安全教育和考试

1）焊工刚入厂时，要接受厂、车间和生产小组的三级安全教育。

2）焊工必须经过安全技术培训，并经过考试合格后才允许上岗独立操作。

2. 建立焊接安全责任制

1）通过建立焊接安全责任制，对企业中各级领导、职能部门在焊接安全工作中应负的责任明确地加以确定。

2）工程技术人员在从事产品设计、选择焊接方法、确定施工方案、制订焊接工艺规程的同时，应当有相应的安全措施。

3. 焊接安全操作规程

1）建立和执行必要的安全操作规程，是保障焊工安全健康和促进安全生产的一项重要措施。

2）根据不同的焊接工艺建立各类安全操作规程。

4. 焊接工作场地的组织

1）在焊接与气割工作场地中的设备、工具和材料等应排列整齐，不得乱堆乱放。

2）操作现场附近有可燃材料的设备和工程结构时，必须预先采取隔绝火星的安全措施。

四、焊接清洁生产

清洁生产是指将综合性预防的战略持续地应用于生产过程、产品和服务中，以提高效率和降低对环境和人类安全的风险。

1. 清洁生产的含义

1）对生产过程来说，清洁生产是指节约能源和原材料，淘汰有害的原材料，减少和降低所产生废物的数量和毒性。

2）对产品来说，清洁生产是指降低产品全生命周期（包括从原材料开采到产品寿命终结后的处置）对环境的有害影响。

3）对服务来说，清洁生产是指将预防战略结合到环境设计和所提供的服务中。

2. 焊接清洁生产的内容

1）尽可能地减少能源的消耗，节约原材料。

2）尽可能不使用、不排放有毒有害的物质。

3）尽可能地使用可再生能源。

4）产品使用终结，可降解、可循环为无害产物。

5）在危险物质生成前，实行在线监测和控制。

6）通过降低使用成本，降低污染治理的费用，增加产量和提高质量，使企业获得更大的经济效益。

7）按照清洁生产的原则，对焊接材料和焊接工程进行定量评估。

3. 焊接清洁生产的现状

1）采用高效节能的焊接电源。从电焊机的设计着手，采用节省铜材料并且节能的先进设计方案，并在电焊机（逆变焊机）设计时，就考虑产品报废回收的循环利用问题。

2）加紧无铅钎料的研制和推广。铅和铅的化合物已被环境保护机构（EPA）列入前 17 种对人体和环境危害最大的化学物质之一。铅的毒性在于它是不可分解的金属，一旦被人体摄取会在人体内聚集而不能被排除，对人体产生严重的毒性作用。

3）使用低烟尘、低毒、高效率的焊接材料。

学习过程记录卡

班级		学习开始时间	年　月　日
姓名		学习完成时间	年　月　日
学习笔记			
学习心得			
学习总结			

安全小贴士——焊接用工具、夹具和安全检查

（1）焊钳　焊接前应检查焊钳与焊接电缆接头处是否牢固。两者接触不牢固，焊接时将影响电流的传导，甚至会打火花。另外，接触不良，将使接头处产生较大的接触电阻，造成焊钳发热、变烫，影响焊工的操作。要检查钳口是否完好、有无破损，以免影响焊条的夹持。

（2）面罩和护目镜　主要检查面罩和护目镜是否遮挡严密，有无漏光的现象。

（3）角向磨光机　要检查砂轮转动是否正常，有没有漏电的现象；砂轮片是否已经紧固，是否有裂纹、破损，要杜绝使用过程中砂轮碎片飞出伤人。

（4）锤子　要检查锤头是否松动，避免在打击过程中锤头甩出伤人。

（5）扁铲、錾子　应检查其边缘有无飞刺、裂纹，若有应及时清除，防止使用中碎块飞出伤人。

（6）夹具　各类夹具，特别是带有螺钉的夹具，要检查其上的螺钉是否转动灵活，若已锈蚀则应除锈，并加以润滑，否则使用中会失去作用。

榜样的故事

“只有在一线上，我才能发挥自己的才干”——湖南华菱湘潭钢铁有限公司首席焊工技师艾爱国

“我比一般的专家，操作实践多一点；比一般焊工，理论知识多一点。”艾爱国是这么说，也是这么做的。他系统地学习了《机械制图》《焊接工艺学》《现代焊接新技术》等100多册技术书籍。他随身总是携带着一个笔记本，每攻克一个难关，都习惯进行总结。如今，他已积攒了20多个工作笔记本，里面记载着几百个攻关项目的焊接操作方法、用料及温度控制等资料。由于有着充足的理论知识和丰富的实践经验，2005年，艾爱国被湖南省衡阳技师学院聘为教授、首席技能导师，一时之间成了人人传诵的“蓝领教授”。

艾爱国之所以能取得如此骄人的成绩，源于他对焊工事业孜孜不倦的追求。还记得1991年时，湘乡啤酒厂需要焊补两口从意大利进口的大铜锅。由于铜锅太大，艾爱国和助手们只能躺着进行焊接。可操作依旧不太方便，有三个豆大的金属熔滴从艾爱国的前胸掉了下去，当时熔化的铜液温度达到1000℃，可他咬着牙关一直坚持焊下去。按他的话说：“我停下来的话，加热一个多小时就将前功尽弃，而且我这个焊缝马上会出现裂纹。”12天后两口铜锅焊好了，给啤酒厂挽回了50多万元的损失，可艾爱国的身上却永远留下了3个铜粒大的疤。

就这样，30多年过去了，艾爱国通过自己的吃苦耐劳、顽强拼搏，先后为冶金、矿山、机械、电力等行业攻克各种焊接难关260多个，改进焊接工艺近70项，成功率达100%，创造直接经济效益3000万元，而他本人仍然坚守在焊工这个平凡的工作岗位上。他很老实地说：“不是公司不让我做管理，而是我知道自己不是做管理的料。只有在一线上，我才能真正发挥自己的才干，贡献自己的力量。”

复习与思考

一、填空题

1. 熔滴过渡过程十分复杂，主要过渡形式有________、________和________三种。

2. 立焊和仰焊时，促使熔滴过渡的力有________、________和________。

3. 通常将________、________和________等对焊接质量影响较大的参数称为焊接参数。

4. 酸性焊条的烘干温度为________，碱性焊条的烘干温度为________，保温时间为________。

二、判断题

(　　) 1. 任何焊接位置，电磁力都是促使熔滴向熔池过渡的。

(　　) 2. 根据国家标准，直径不大于 2.5mm 的焊条，其偏心度不应大于 7%。

(　　) 3. 焊接重要产品时，每个焊工应配备一个焊条保温筒，施焊时，将烘干的焊条放入焊条保温筒内。

(　　) 4. 随着电流的增大，余高增加，焊缝成形系数减小。

(　　) 5. 药皮开裂及脱落的焊条可以继续使用。

(　　) 6. 碱性焊条使用的焊接电流一般比酸性焊条使用的焊接电流大。

(　　) 7. 焊条电弧焊在进行立焊、仰焊时应选择小的焊接电流。

(　　) 8. 焊条电弧焊应尽量采用长弧焊接，因为长弧焊接时电弧的范围大、保护效果好。

(　　) 9. 焊接操作者必须持证上岗，严格遵守和执行安全操作规程。

(　　) 10. 根据护目镜亮度的深浅，可将其分为 7 ~ 12 共 6 个型号，号数越低亮度越深，反之亮度越浅。

三、简答题

1. 为什么说熔池的形状不仅决定了焊缝的形状，而且对焊接质量有重要的影响？

2. 焊条保管时应注意什么？

3. 说明下列焊缝符号代表的意义。

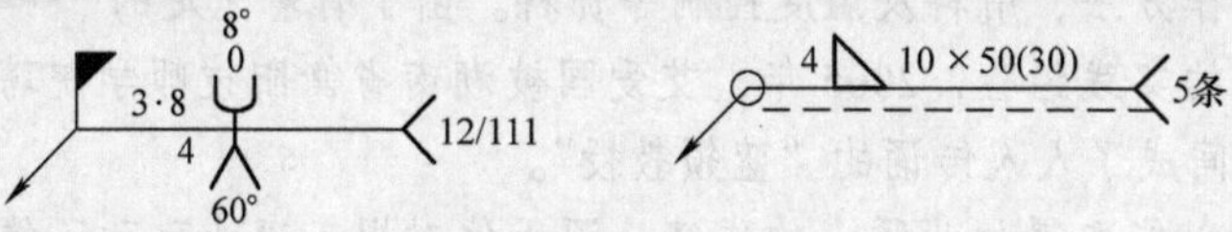

4. 解释焊机型号 ZX7-400 中字母和数字的含义。

项目二 焊条电弧焊基本技能

项目导入

焊条电弧焊发明于19世纪末，当时使用无药皮的裸露金属棒来产生保护气体，直到20世纪初，药皮焊条才开始得到应用。金属棒（焊条）和工件之间形成的电弧会熔化金属棒和工件的表面，形成焊接熔池。同时，金属棒上熔化的药皮会形成气体和熔渣，保护焊接熔池不受周围空气的影响。因为熔渣会冷却、凝固，所以一旦焊缝焊完（或在熔敷下个焊道前）就必须从焊道上清除熔渣。在更换新的焊条前，焊条电弧焊过程只能完成短焊缝的焊接。焊缝熔深浅，熔敷质量取决于焊工的技能，焊工技能的起步从基本技能训练开始。

学习目标

1. 掌握引弧、运条、收尾等基本操作技能。
2. 掌握平敷焊操作技能。
3. 掌握炭弧气刨基本操作技能。

项目实施

本项目共分为引弧与运条、平敷焊、炭弧气刨三个任务单元，目的是通过不断实践，掌握焊条电弧焊最基本的操作。

任务 2.1　引弧与运条

一、任务布置

1. 工作任务描述

1）掌握电弧基本知识。

2）掌握酸性焊条和碱性焊条引弧与运条等操作技能。

3）会正确使用焊接设备，会调节焊接电流。

4）能区分熔池和熔渣，掌握控制熔池温度、尺寸和形状的技能。

微课：
焊条电弧焊的
基础操作技能

2. 任务解析

1）引弧、运条、接头、收尾操作技能是所有焊接技能操作的基础，通过使用不同型号电焊机及不同直径的焊条进行引弧、运条等操作训练，来培养操作者对熔池、熔渣的认识及其控制能力。

2）引弧、运条、接头和收尾操作技能，是初学者必须首先掌握的基本技能。

二、任务准备

1. 基本知识

（1）焊接电弧形成条件　焊接电弧是一种气体放电现象，它是带电粒子通过两电极之间气体空间的一种导电过程。一般情况下，气体是良好的绝缘体，其分子和原子都处于电中性状态。要使两电极之间的气体导电，必须具备两个基本条件：两电极之间有带电粒子；两电极之间有电场。因此，如能采用一定的物理方法，改变两电极间气体粒子的电中性状态，使其产生带电荷的粒子，这些带电粒子在电场的作用下在两极间做定向运动，即形成电流，使两电极之间的气体空间成为导体，从而可产生气体放电，也就可形成连续燃烧的电弧。

（2）焊接电弧产生

1）电弧放电时，能产生大量而集中的热量，同时发出强烈的弧光。电弧焊就是利用此热量熔化被焊金属和焊条进行焊接的。为产生电弧所需的外加能量是由电焊机供给的，引弧时，首先将焊条与工件接触，使焊接回路短路，接着迅速将焊条提起 2~4mm，在焊条提起的瞬间，电弧即被引燃。

2）当焊条与工件短接时，由于接触表面不平整，实际上只有少数几个点真正接触，强大的短路电流从这些点通过，产生了大量的电阻热，使焊条和工件的接触部分温度急剧升高而熔化，甚至部分蒸发。当提起焊条离开工件时，电焊机的空载电压立即加在焊条端部与工件之间。这时，阴极表面由于急剧的加热和强电场的吸引，产生了强烈的电子发射，这些电子在电场作用下，加速移向阳极。此时，焊条与工件间已充满了高热的、易电离的金属蒸气和药皮产生的气体，当受到具有较大动能的电子撞击和气体分子或原子间的相互热碰撞时，两极间气体迅速电离。在电弧电压作用下，电子和负离子移向阳极，正离子移向阴极。同时，在电极间还不断发生带电粒子的复合，放出大量热能。这种过程不断反复进行，就形成了具有强烈热和光的焊接电弧。

（3）电弧稳定性　电弧稳定性是指电弧保持稳定燃烧（不产生断弧、飘移和电弧偏吹等）的程度。电弧的稳定燃烧是保证焊接质量的一个重要因素，因此维持电弧稳定性是非常重要的。电弧不稳定的原因除操作人员技术熟练程度外，还与下列因素有关。

1）焊接电源。

① 焊接电源的特性。若焊接电源的特性符合电弧燃烧的要求，则电弧燃烧稳定；反之，则电弧燃烧不稳定。焊条电弧焊时，电源必须提供一种能与电弧静特性相匹配的外特性才能保证电弧的稳定燃烧。

② 焊接电源的种类。采用直流电源焊接时，电弧燃烧比采用交流电源稳定。这是因为直流电弧没有方向的改变。而采用交流电源焊接时，电弧的极性是按工频（50Hz）周期性变化的，就是每秒钟电弧的燃烧和熄灭要重复 100 次，电流和电压每时每刻都在变化。因此，交流电源焊接时电弧没有直流电源时稳定。

③ 焊接电源的空载电压。具有较高空载电压的焊接电源不仅引弧容易，而且电弧燃烧也稳定。这是因为焊接电源的空载电压较高、电场作用强，场致电离及场致发射强烈，所以电弧燃烧稳定。

2）药皮。

① 药皮是影响电弧稳定性的一个重要因素。药皮中有少量的低电离能的物质（如 K、Na、Ca 的氧化物），能增加电弧气氛中的带电粒子。酸性药皮中的成形剂与造渣剂都含有云母、长石、水玻璃等低电离能的物质，因而能保证电弧的稳定燃烧。

② 如果药皮中含有电离能比较高的氟化物（CaF_2）及氯化物（KCl、NaCl），由于它们较难电离，因而降低了电弧气氛的电离程度，使电弧燃烧不稳定。另外，药皮偏心和焊条保存不好而造成药皮局部脱落等，使得焊接过程中电弧气体的吹力在电弧周围分布不均，电弧稳定性也将下降。

3）焊接电流。焊接电流大，电弧的温度就增高，则电弧气氛中的电离程度和热发射作用就增强，电弧燃烧也就越稳定。通过试验测定电弧稳定性表明：随着焊接电流的增大，电弧的引燃电压降低；同时，随着焊接电流的增大，自然断弧的最大弧长也增大。所以，焊接电流越大，电弧燃烧越稳定。

4）电弧偏吹。

① 电弧在其自身磁场作用下具有电弧挺度，使电弧尽量保持在焊条的轴线方向上，即使当焊条与工件有一定倾角时，电弧仍将保持指向焊条轴线方向而不垂直于工件表面，如图 2-1 所示。但在实际焊接中，由于多种因素的影响，电弧周围磁力线均匀分布的状况被破坏，使电弧偏离焊条轴线方向，这种现象称为电弧偏吹，如图 2-2 所示。一旦产生电弧偏吹，电弧轴线就难以对准焊缝中心，造成电弧的不稳定，导致焊缝成形不规则，影响焊接质量。

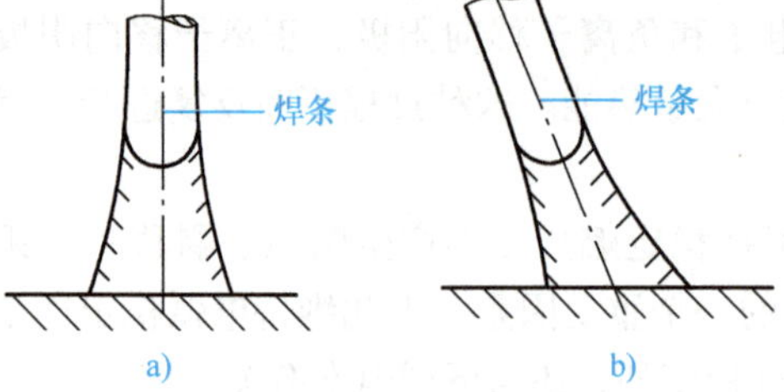

图 2-1　电弧挺度示意图

a）焊条与工件垂直　b）焊条与工件倾斜

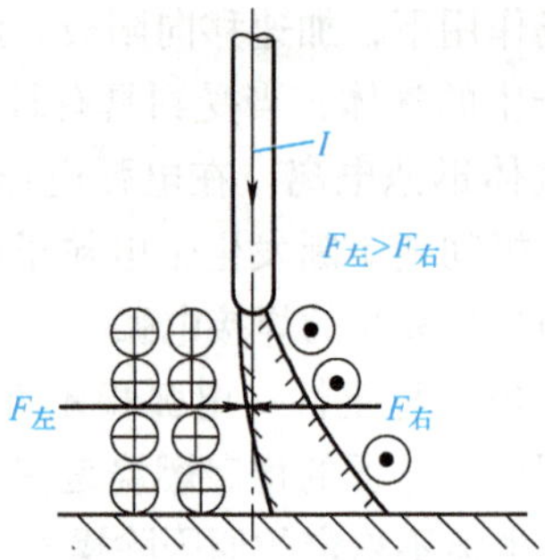

图 2-2　电弧偏吹的形成示意图

② 引起电弧偏吹的根本原因是电弧周围磁场分布不均匀，致使电弧两侧产生的电磁力不同。焊接时引起磁力线分布不均匀的原因主要有以下几方面：

a. 导线接线位置。如图 2-3 所示，导线接在工件的一侧，焊接时电弧左侧的磁力线由两部分叠加组成：一部分由电流通过电弧产生；另一部分由电流通过工件产生。而电弧右侧的磁力线仅由电流通过电弧本身产生，所以电弧两侧受力不平衡，偏向右侧。

b. 电弧附近的铁磁物体。当电弧附近放置铁磁物体（如钢板）时，因铁磁物体磁导率大，磁力线大多通过铁磁物体形成回路，使铁磁物体一侧磁力线变稀，造成电弧两侧磁力线分布不均匀，产生电弧偏吹，进而使电弧偏向铁磁物体一侧，如图 2-4 所示。

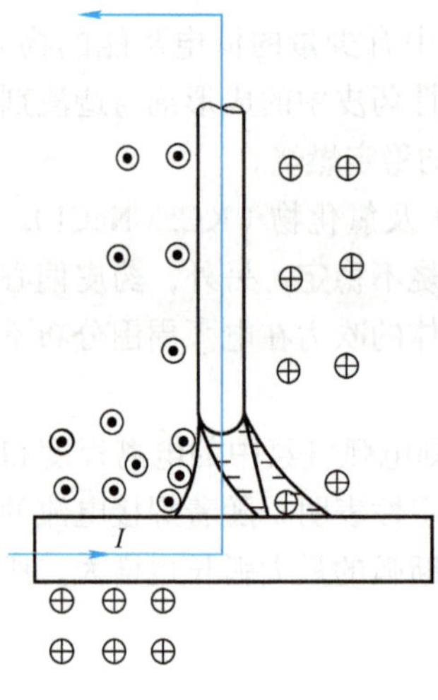

图 2-3　导线接线位置引起的电弧偏吹示意图

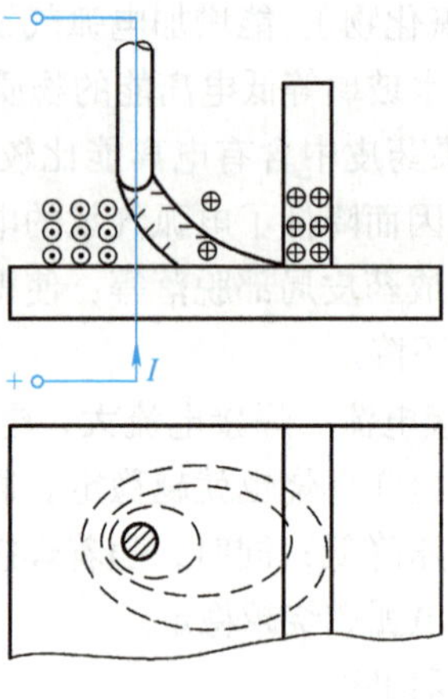

图 2-4　电弧附近铁磁物体引起的电弧偏吹示意图

③ 在实际操作中，为减弱电弧偏吹的影响，可优先选用交流电源；采用直流电源时，则在工件两端同时接地线，以消除导线接线位置不对称所带来的电弧偏吹，并尽可能在周围没有铁磁物体的地方焊接。同时，在操作时压短电弧，使焊条向电弧偏吹的反方向倾斜，也是减弱电弧偏吹影响的有效措施。

5）其他影响因素。电弧长度对电弧稳定性也有较大的影响，如果电弧太长，电弧就会发生剧烈摆动，从而破坏了焊接电弧的稳定性，而且飞溅也增大。焊接处有油漆、油脂、水分和锈层等时，也会影响电弧稳定性。此外，强风、气流等因素也会造成电弧偏吹，同样会使电弧燃烧不稳定。

2. 材料、设备及辅助工具准备

（1）材料　准备材质为 Q235、厚度为 10~25mm、尺寸为 300mm × 200mm 的钢板一块，J507（J422）焊条（直径为 3.2mm 或 4.0mm）数根。

（2）设备及辅助工具　选用交流或直流电焊机，检查电焊机状态，电缆线接头是否接触良好，焊钳电缆是否松动破损，确认焊接回路地线连接可靠。避免因地线虚接使线路降压变化而影响电弧电压稳定；避免因接触不良造成电阻增大而发热，烧毁焊接设备。检查焊接设备安全接地线是否连接好，避免因设备漏电造成人身安全隐患。在焊工操作区应准备敲渣锤、钢丝刷。

3. 工艺参数制定

根据焊接所选焊条直径，选择焊接电流。引弧与运条训练使用的焊接参数见表 2-1。

表 2-1　引弧与运条训练使用的焊接参数

焊条直径 /mm	焊接电流 /A
3.2	90~120
4.0	140~160

三、任务实施

1. 引弧

（1）作业姿势　采用正确的焊接作业姿势，既能使焊缝成形良好，又能使操作者双臂在较长的时间内不致产生疲劳的感觉。根据不同的焊接位置，焊接操作姿势一般有蹲式、站立式、半蹲式等，初学者最常用的姿势一般是蹲式操作姿势，如图 2-5a 所示。在采用蹲式操作时，蹲姿要自然，两脚夹角为 70°~85°，两脚与肩同宽，距离为 240~260mm，如图 2-5b 所示。焊前应调整好合适位置，以免妨碍焊条角度调整和摆动，使手腕、手臂能够自由、均匀地运动。

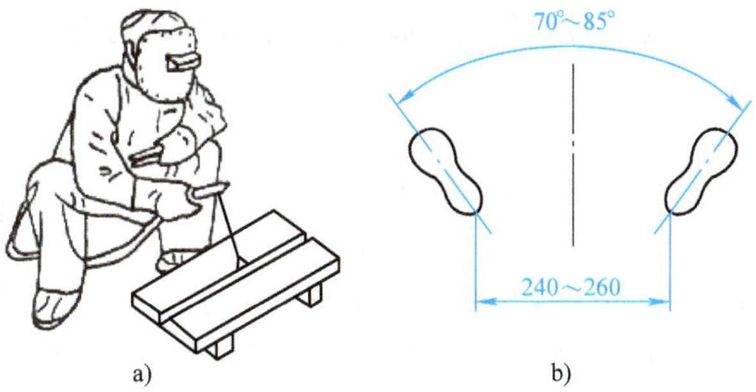

图 2-5　平焊操作姿势

a）蹲式操作姿势　b）两脚的位置

（2）引弧的操作技术　在引弧前，找准事先设定的引弧位置，身心放松、精力集中，操作时的动作主要是手腕运动，动作幅度不能过大，以免影响引弧位置的准确性。引弧时，先使电极与焊件短路，再迅速拉开电极、引燃电弧，手腕动作必须灵活和准确。引弧要求准确率和成功率高，所以练习时可事先设定好引弧的位置，而不能随意在钢板上乱划。

根据操作手法的不同，引弧可分为直击法引弧和划擦法引弧两种。

1）直击法引弧。使焊条与焊件表面垂直地接触，将焊条的末端与焊件表面轻轻一碰，便迅速提起焊条，并保持一定距离（3~4mm），即可引燃电弧，如图 2-6 所示。操作时必须掌握好手腕上下动作的时间和距离。直击法引弧不能用力过大，否则容易将焊条引弧端药皮碰裂，甚至脱落粘条，影响引弧和焊接。

2）划擦法引弧。先将焊条末端对准引弧处，然后像划火柴一样在焊件表面利用腕力轻轻划擦一下焊条，划擦距离为 10~20mm，并将焊条提起 3~4mm，如图 2-7 所示，电弧即可引燃。引燃电弧后，应保持电弧长度不超过所用焊条直径。

操作技能：
引弧

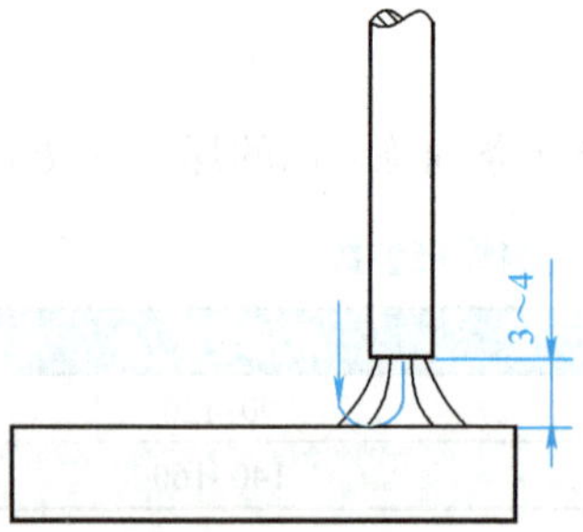

图 2-6　直击法引弧

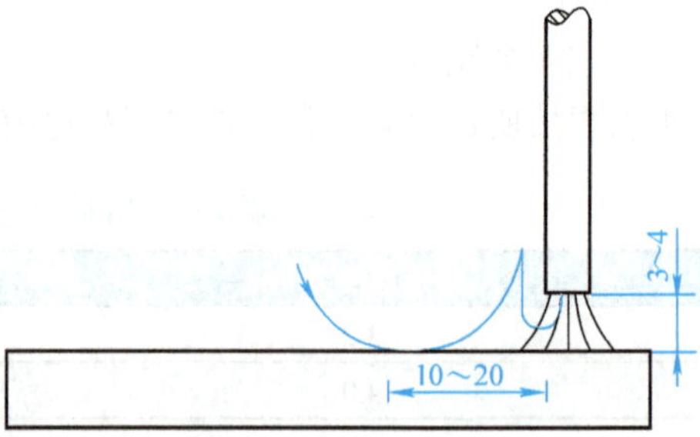

图 2-7　划擦法引弧

（3）引弧注意事项

1）粘条。引弧时，发生焊条与焊件粘在一起的现象称为粘条。粘条时，只要将焊条左右摇动几下，焊条就可脱离焊件，如果这时还不能脱离焊件，就应立即将焊钳放松，使焊接回路断开，待焊条稍冷后再拆下（不能立即用手去拔下焊条）。如果焊条粘住焊件的时间过长，则会因过大的短路电流而烧坏电焊机。

2）引弧的位置。不得随意在焊件（母材）表面上引弧（俗称“打火”），尤其是高强度钢、低温钢、不锈钢。对于这些材料，电弧擦伤部位容易引起淬硬或微裂（若是不锈钢，则会降低耐蚀性），所以引弧应在待焊部位或坡口内，在操作练习时，可事先设定好引弧的位置。

操作技能：
焊接运条

2. 运条

焊接过程中，焊条相对焊缝所做的各种动作的总称称为运条。运条一般分为三个基本运动：沿焊条中心线向熔池送进、沿焊接方向均匀移动、横向摆动，如图 2-8 所示。上述三个动作不能机械地分开，而应相互协调，才能焊出满意的焊缝。

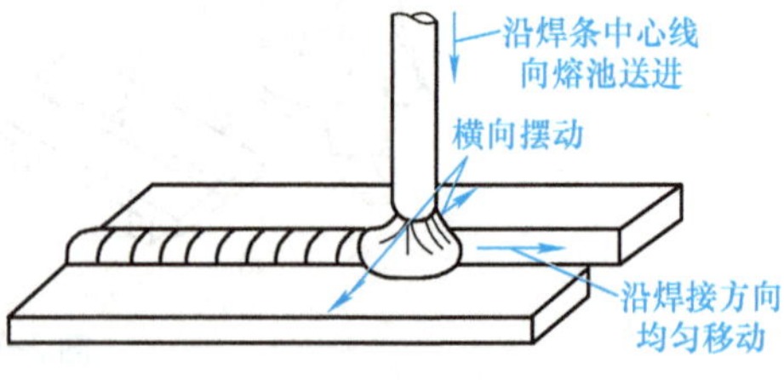

图 2-8　运条的三个基本运动

运条的方法很多，选用时应根据接头的形式、根部间隙、焊缝的空间位置、焊条的直径与性能、焊接电流及焊工技术水平等方面而定。常用的运条方法及应用范围见表 2-2。

焊接运条的方法俗称焊接手法，以上焊接手法只是机械的动作，而操作者要通过机械动作的练习，找到焊接时的手感。通过各种运条方式的结合与变换，达到随心所欲控制熔池及焊接整个过程，这需要在实践中长期进行训练与总结。

表 2-2　常用的运条方法及应用范围

运条方法		运条示意	应用范围
直线运条法			3~5mm 厚度不开坡口对接平焊 多层焊第一层焊道 多层多道焊
直线往复运条法		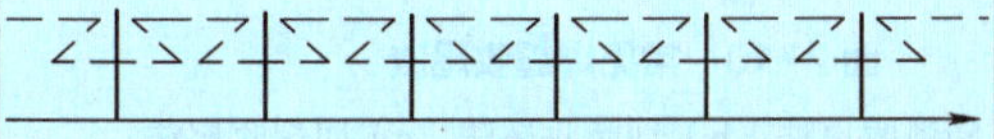	薄板焊 对接平焊（间隙较大）
锯齿形运条法			对接接头（平焊、立焊、仰焊） 角接接头（立焊）
月牙形运条法			同锯齿形运条法
三角形运条法	斜三角形	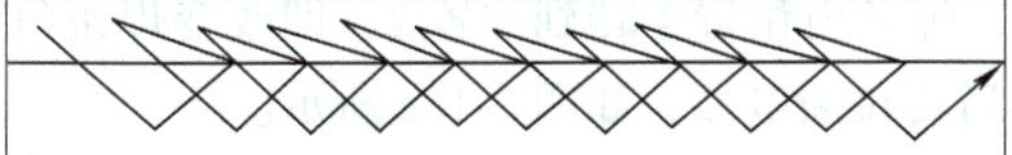	角接接头（仰焊） 开 V 形坡口对接接头横焊
	正三角形	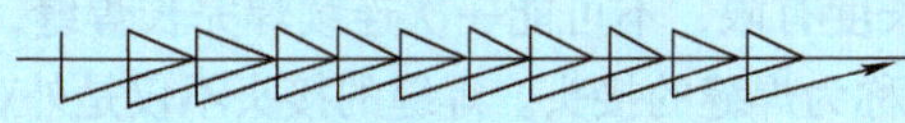	角接接头（立焊） 对接接头
圆圈形运条法	斜圆圈形	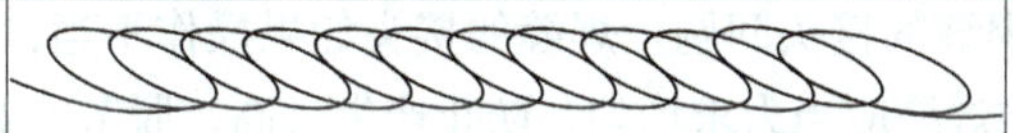	角接接头（平焊、仰焊） 对接接头（横焊）
	正圆圈形	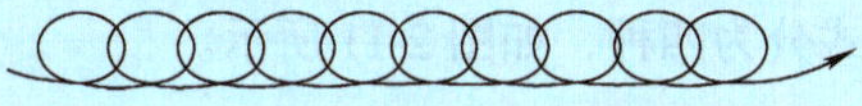	对接接头（厚板件平焊）
8 字形运条法		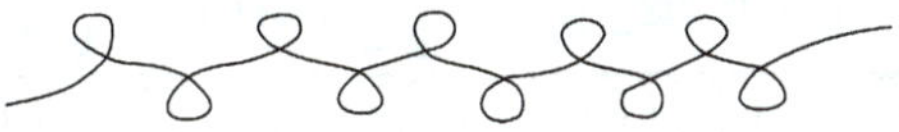	对接接头（厚焊件平焊）

3. 焊缝的起头与收尾

（1）焊缝的起头　焊缝的起头是焊缝的开始部分，由于焊件的温度很低，引弧后又不能迅速地使焊件温度升高。一般情况下这部分余高略高、熔深较浅，甚至会出现熔合不良和夹渣。因此，引弧后应稍快到位，然后压低电弧进行正常焊接。

操作技能：
焊缝的收尾

平焊和碱性焊条多采用回焊法，从位置①处引弧，回焊到位置②，如图 2-9 所示。逐渐压低电弧，同时焊条做微微摆动，从而达到所需要的焊缝宽度，然后进行正常的焊接。

（2）焊缝的收尾　焊接结束时不能立即拉断电弧，否则会形成弧坑。弧坑不仅会因减少焊缝局部截面积而削弱强度，还会引起应力集中，而且弧坑处氢含量较高，易产生延迟裂纹，有些材料焊后在弧坑处还容易产生弧坑裂纹。所以，对焊缝应进行收尾处理，以保证连续的焊缝外形，维持正常的熔池温度，逐渐填满弧坑后熄弧。常见焊缝收尾法如图 2-10 所示。

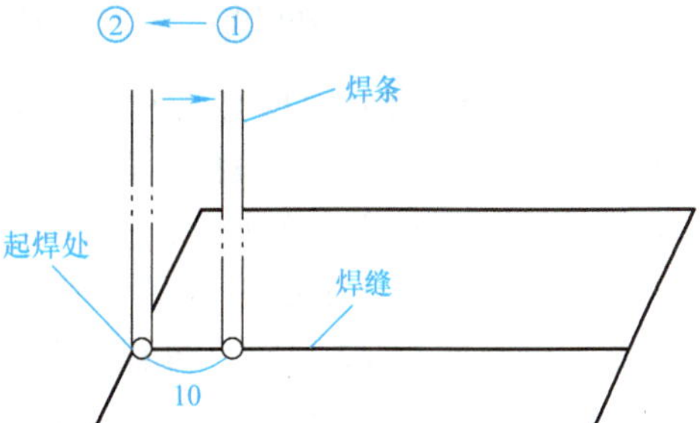

图 2-9　焊缝的起头

1）反复断弧收尾法。对于大电流焊接和薄板焊接，当焊条焊至焊缝终点时，在弧坑上做数次反复熄弧、引弧，直到填满弧坑为止，如图 2-10a 所示。

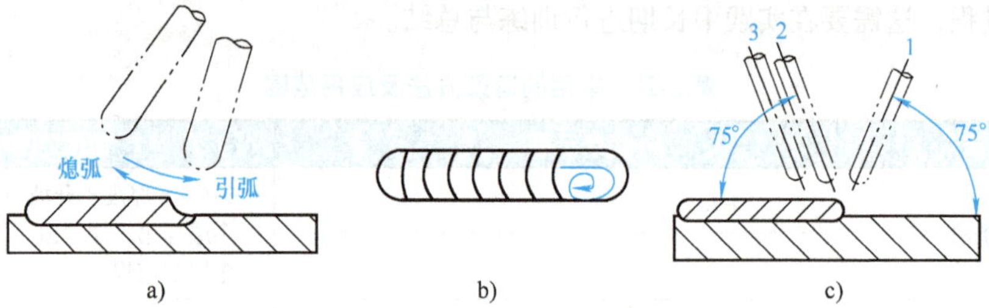

图 2-10 常见焊缝收尾法

a）反复断弧收尾法 b）划圈收尾法 c）回焊收尾法

2）划圈收尾法。对于厚板焊接，当焊条焊至焊缝终点时，使焊条末端做圆圈运动，直到熔滴填满弧坑再拉断电弧，如图 2-10b 所示。

3）回焊收尾法。对于使用碱性焊条焊接，当焊条焊至焊缝终点时，即停止运条，但不熄弧，此时适当改变焊条角度，焊条由位置 1 转到位置 2，即改变焊条角度，待填满弧坑后回焊 20~30mm 转到位置 3，然后再拉断电弧，如图 2-10c 所示。

（3）焊缝的接头　由于焊条长度有限，不可能一次连续焊完长焊缝，因此会出现接头问题。后焊焊缝与先焊焊缝的连接处称为焊缝的接头。焊缝的接头不仅是外观成形问题，还涉及焊缝的内部质量，所以要重视焊缝的接头问题。焊缝的接头如果操作不当，极易造成气孔、夹渣及外形不良等缺陷。接头处的焊缝应当力求均匀，防止产生过高、脱节、宽窄不一致等缺陷。

1）接头形式。焊缝的接头形式分为四种，如图 2-11 所示。

操作技能：
焊缝的连接

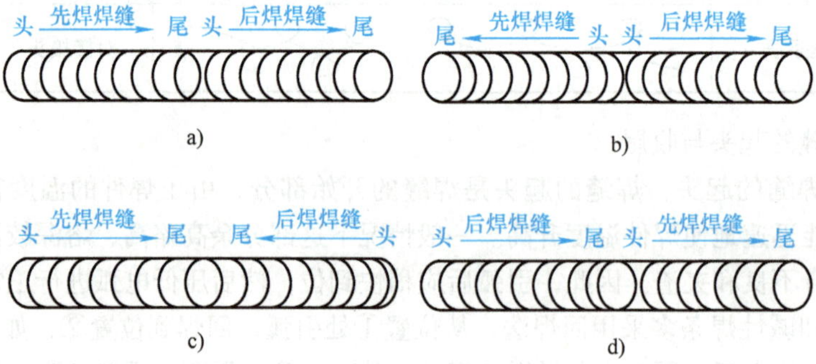

图 2-11 焊缝的接头形式

a）中间接头 b）相背接头 c）相向接头 d）分段退焊接头

① 中间接头（图 2-11a）。后焊焊缝从先焊焊缝收尾处开始焊接。这种接头最常见，操作适当时几乎看不出接头。一般在前段焊缝弧坑前 10mm 附近引燃电弧，把弧坑里的熔渣向后赶并略微拉长电弧，预热连接处，然后回移至弧坑处，压低电弧，等填满弧坑后再转入正常焊接、向前移动。更换焊条动作要快，不要使弧坑过分冷却，因为热态衔接可以使衔接处外形美观。

② 相背接头（图 2-11b）。两段焊缝的起头处接在一起。要求先焊焊缝起头稍低，后焊焊缝在先焊焊缝起头处前 10mm 左右引弧，然后稍拉长电弧，并将电弧移至衔接处，覆盖住先焊焊缝的端部，待熔合后再向焊接方向移动。在焊前段焊缝时，起焊处焊条要移动快些，使焊缝的起焊处略低一些。为使衔接处平整，也可将先焊焊缝的起头处用角向磨光机磨成斜面再进行焊接。

③ 相向接头（图 2-11c）。两段焊缝的收尾处接在一起。当后焊焊缝焊到先焊焊缝的收尾处时，应降低焊接速度，将先焊焊缝的弧坑填满后，以较快的速度向前焊一段然后熄弧。这种衔接同样要求前段焊缝收尾处略低些，使衔接处焊缝高低、宽窄均匀。若先焊焊缝收尾处

焊缝太高，为了保证衔接处平整，可预先将焊缝处打磨成斜面。

④ 分段退焊接头（图 2-11d）。后焊焊缝的收尾与先焊焊缝的起头处接在一起。要求先焊焊缝起头处较低，最好呈斜面，后焊焊缝焊至先焊焊缝始端时，改变焊条角度，将前倾改为后倾，使焊条指向先焊焊缝的始端。拉长电弧，待形成熔池后，再压低电弧并往返移动，最后返回至原来的熔池处收弧。

2）接头方法。接头方法有两种，即冷接头和热接头。

① 冷接头。对于打底层，在接头前需先将焊渣清理干净，然后在弧坑后方、已焊焊道 10~15mm 处引弧，电弧长度比正常焊接时略长，然后将电弧移到弧坑处覆盖原弧坑 2/3，压低电弧、稍作停顿，形成熔池后转入正常焊接；对于填充、盖面层，焊渣清除后，可将弧坑处打磨成缓坡，在弧坑前方 10~15mm 处引弧，电弧长度比正常焊接时略长，然后将电弧移到弧坑处覆盖原弧坑 2/3，压低电弧、稍作停顿，转入正常焊接，如图 2-12 所示。电弧在弧坑处的位置要准确，否则会造成接头过高；电弧也不宜太长，否则会造成接头脱节，产生未焊满的缺陷。

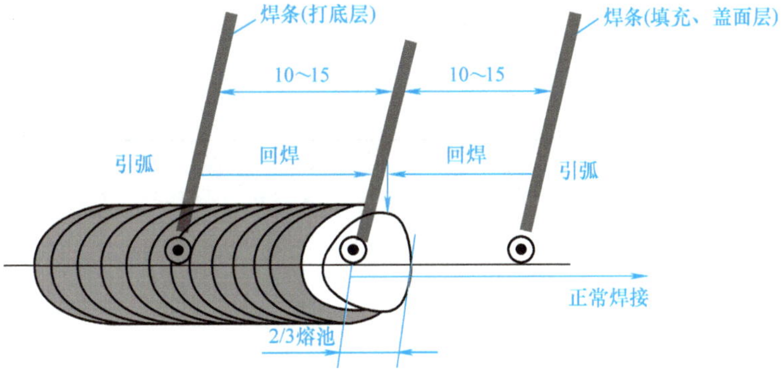

图 2-12 冷接头的接头方法

② 热接头。不去除渣壳，更换焊条动作要快、迅速利落，当熔池还处于红热状态时在熔池上引燃电弧（戴面罩观察熔池呈一个红点），引弧后稍微停顿，即转入正常焊接。此方法适于熟练焊工，初学者由于动作不够协调，引弧不能一次成功，焊条易粘条。

四、任务评价和总结

根据焊接基本技能评分表（表 2-3）进行质量检查。由学生自检、学生之间互检、指导教师检查（专检）。

表 2-3 焊接基本技能评分表

操作者：　　　　　　　　　　　　　　　　操作日期：　　年　　月　　日

考核项目	分值	自检评分	互检评分	专检评分	评分标准
引弧位置	15 分				位置准确
焊缝直线度	15 分				焊缝平直
焊缝宽窄	15 分				宽窄均匀
焊缝高低	15 分				高低均匀
焊缝收尾	20 分				弧坑填满，无裂纹、气孔
焊缝连接	20 分				连接处过渡平滑
合计	100 分				

注：评分表可复印使用。

学习过程记录卡

班级		学习开始时间	年　月　日
姓名		学习完成时间	年　月　日
学习笔记			
学习心得			
学习总结			

任务 2.2　平敷焊

一、任务布置

1. 工作任务描述

1）掌握平敷焊的技术要求及操作要领。

2）会选择平敷焊的焊接参数。

3）能按焊接安全、清洁和环境要求以及焊接工艺完成焊接操作，制作出合格的平敷焊工件。

4）能对平敷焊工件进行质量检测。

2. 施工图

平敷焊施工图如图 2-13 所示。

微课：
平敷焊及堆焊的操作

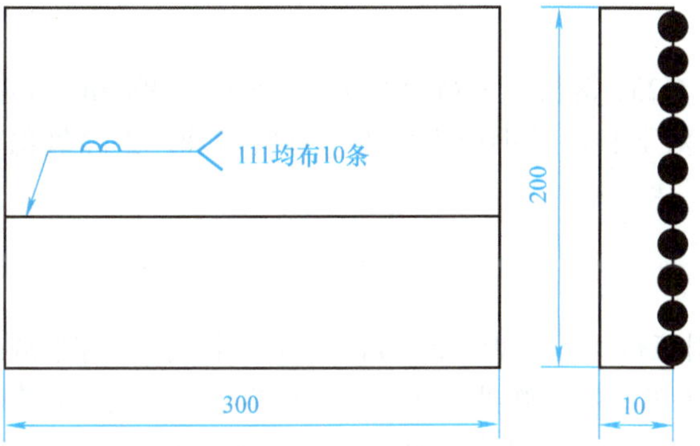

技术要求

1. 试件材料:Q235。
2. 焊条:E4303/E5015(ϕ3.2、ϕ4.0)。
3. 熔敷金属表面平整。

图 2-13　平敷焊施工图

3. 任务解析

1）平敷焊是在平焊位置上在工件表面堆敷焊道的一种操作方法，是所有焊接操作方法中最简单、最基础的方法。平敷焊是初学者进行焊接技能训练时必须掌握的一项基本技能，是焊接各个位置中最容易掌握的一个位置，易获得良好的焊缝成形和焊接质量。

2）在生产中，平敷焊拓展为堆焊，适用于零件的修复及异种材料焊接的过渡层焊接。

3）平敷焊的难点是焊道与焊道之间的搭接平整、圆滑过渡。若焊接工艺选择不当或操作不当，则容易形成沟槽。若运条不当和施焊角度不正确，则会出现熔渣和铁液混合在一起分不清的现象，形成焊缝夹渣。通过训练，学习者能更好地控制熔池，进一步领悟引弧、运条、收弧等基本技能。

二、任务准备

1. 电焊机及辅助工具

（1）设备选择与检查　同任务 2.1。

（2）辅助工具　在焊工操作区应准备好敲渣锤、钢丝刷、砂纸、钢直尺、角向磨光机等辅助工具和量具。

2. 工艺参数制定

Q235 属于低碳钢，强度等级较低，一般用在普通结构上，碳的质量分数小于 0.4%，焊接性良好，无须采取特殊工艺措施。选用 E4303 或 E5015 施焊即可。平敷焊焊接参数见表 2-4。

表 2-4 平敷焊焊接参数

焊条类型	焊条直径 /mm	焊接电流 /A
E4303	3.2	115~125
	4.0	150~170
E5015	3.2	110~120
	4.0	140~160

3. 备料

准备厚度为 10mm 的 Q235 钢板，下料尺寸为 300mm × 200mm。下料方法：半自动火焰切割或数控火焰切割。对下料后的钢板表面进行打磨清理，去除氧化物，直至露出金属光泽。

三、任务实施

1. 基本操作

1）手持面罩，看准引弧位置，将焊条端部对准引弧处，用划擦法或直击法引弧，迅速而适当地提起焊条，形成电弧。在引弧处稍作停留，然后运用直线形运条法或锯齿形运条法进行施焊，注意观察熔池宽度，使其保持一致。焊条沿焊接方向移动，控制好焊缝成形。若焊条移动速度太慢，焊道会过高、过宽，外形不整齐；若焊条移动太快，则焊条和焊件熔化不均，易造成焊道较窄，甚至发生未熔合等缺陷。焊条沿焊接方向的移动速度，由焊接电流、焊条直径来决定，操作时应灵活掌握。

2）当第一条焊道焊至焊件端部后，再焊第二条焊道。第二条焊道要覆盖住第一条焊道宽度方向的 1/2，以此类推，确保平敷焊表面平整、无凹槽或凸起。

2. 技能技巧

（1）起焊处电弧预热　起头是指刚开始焊接的阶段，在一般情况下这部分焊道略高些，质量也难以保证。因为焊件未焊之前温度较低，而引弧后温度又不能迅速升高，所以起头的熔深较浅。为了解决熔深太浅的问题，可在引弧后先将电弧稍微拉长，使电弧对端头有预热作用，然后适当缩短电弧进行正式焊接。

（2）起焊处气孔防止　焊条在引弧后的 2s 内，由于药皮未形成大量保护气体，最先熔化的熔滴几乎是在无保护气氛的情况下过渡到熔池中去的，这种保护不好的熔滴中有不少气体。如果这些熔滴在施焊中得不到二次熔化，其内部气体就会残留在焊道中，形成气孔。

为了减少气孔，一种方法是可在电弧引燃后，适当压低电弧并超过引弧点 10mm 左右，再进入正常焊接，利用熔深使引弧轨迹上可能产生的表面气孔被熔化掉；另一种方法是采用引弧板，即在焊前装配一块金属板，从这块板上开始引弧、焊后割掉。采用引弧板，不但保证了起头处的焊缝质量，也能使焊接接头始端获得正常尺寸的焊缝，常在焊接重要结构时应用。

关键技术点拨——声音判断电流

焊接时，可通过电弧的响声来初步判定电流的大小。当焊接电流较大时，发出哗哗的声音，熔敷金属低、熔深大、易产生咬边；当焊接电流较小时，发出沙沙的声响，同时夹杂着清脆的噼啪声，熔敷金属窄而高，且两侧与母材结合不良；焊接电流适中时，熔敷金属高度适中，两侧与母材结合良好。

3. 试件及现场清理

用敲渣锤、钢丝刷等工具清理飞溅和焊渣，不得用水冷却。操作结束后，整理工具、设备，关闭电源，交回剩余焊条，清理场地，将电缆线盘好，做到安全文明生产，并填写交班记录。

四、任务评价和总结

根据平敷焊评分表（表 2-5）按照附录相应评分标准对试件进行质量检查。由学生自检、学生之间互检、指导教师检查（专检）。

表 2-5 平敷焊评分表

操作者： 操作日期： 年 月 日

考核项目	分值	自检评分	互检评分	专检评分	备注
焊缝宽窄差	10 分				
焊缝高低差	10 分				
焊缝成形	10 分				
起焊、收尾	10 分				
弧坑	10 分				
接头	10 分				
夹渣	10 分				
气孔	10 分				
咬边	10 分				
安全文明	10 分				
合计	100 分				

注：评分表可复印使用。

学习过程记录卡

班级		学习开始时间	年 月 日
姓名		学习完成时间	年 月 日
学习笔记			
学习心得			
学习总结			

任务 2.3 炭弧气刨

一、任务布置

1. 工作任务描述

1）掌握炭弧气刨的基本概念。

2）正确选用炭弧气刨操作的设备和材料。

3）正确制定与调节炭弧气刨焊接参数。

4）具有炭弧气刨基本操作能力。

2. 施工图

炭弧气刨施工图如图 2-14 所示。

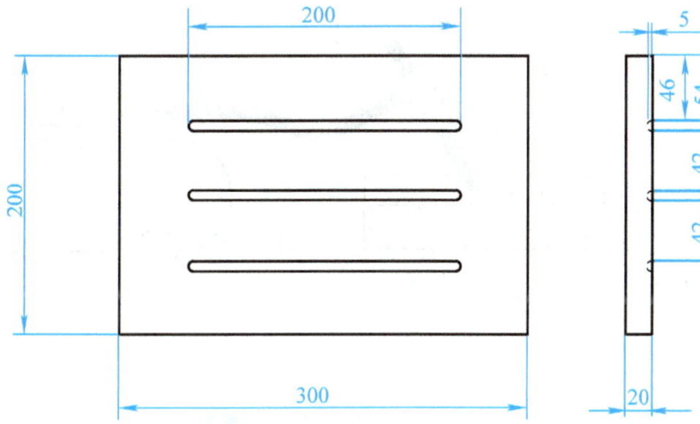

图 2-14 炭弧气刨施工图

3. 任务分析

炭弧气刨是焊接操作人员在焊接生产中必须掌握的基本技能之一，其操作方法虽然与焊条电弧焊有相同之处，但也具有其特殊性，对初学者来说具有一定的难度。

二、任务准备

1. 基本知识准备

（1）炭弧气刨原理 炭弧气刨是利用在炭棒与工件之间产生的电弧热将金属熔化，同时用压缩空气将这些熔化金属吹掉，从而在金属上刨削出沟槽的一种热加工工艺。炭弧气刨工作原理如图 2-15 所示。

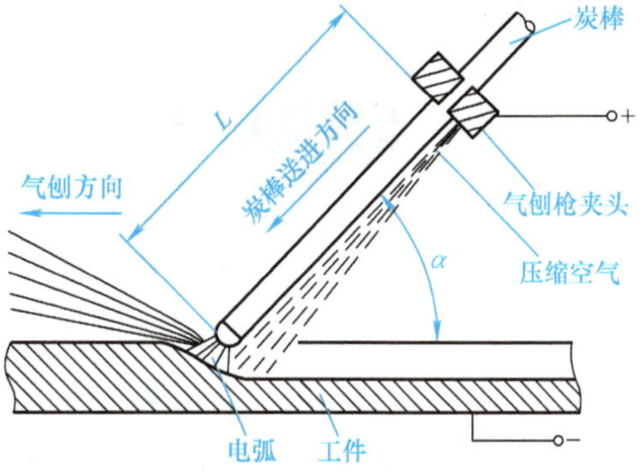

图 2-15 炭弧气刨工作原理

（2）炭弧气刨的特点

1）与用风铲或砂轮相比，炭弧气刨效率高、噪声小，并可减轻劳动强度。

2）与等离子弧气刨相比，炭弧气刨设备简单，压缩空气容易获得且成本低。

3）由于炭弧气刨是利用高温熔化而不是利用氧化作用刨削金属的，因而不但适用于黑色金属，而且还适用于铝、铜等有色金属及其合金。

4）炭弧气刨的灵活性和可操作性较好，因而在狭窄工位或可达性差的部位，炭弧气刨仍可使用。

5）在清除焊缝或铸件缺陷时，被刨削面光洁铮亮，在电弧下可清楚地观察到缺陷的形状和深度，故有利于清除缺陷。

6）炭弧气刨也具有明显的缺点，如产生烟雾、噪声较大、粉尘污染。

（3）炭弧气刨的应用

1）清根。

2）开坡口，特别是中、厚板对接坡口，管对接U形坡口。

3）清除焊缝中的缺陷。

2. 设备、工具及材料

炭弧气刨系统由电源、气刨枪、炭棒、电缆气管和空气压缩机等组成，如图2-16所示。

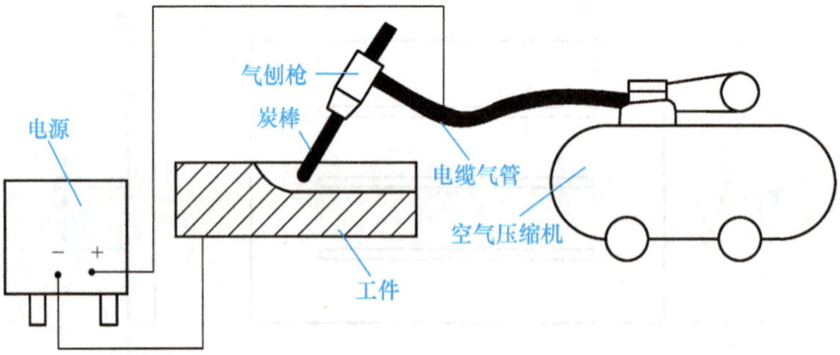

图2-16 炭弧气刨系统示意图

（1）电源 炭弧气刨一般采用具有陡降外特性且动特性较好的手工直流电弧焊机作为电源。由于炭弧气刨一般使用的电流较大，且连续工作时间较长，因此应选用功率较大的电焊机。

（2）气刨枪 气刨枪就是在焊钳的基础上，增加了压缩空气的进气管和导电嘴。气刨枪常用侧面送气气刨枪（图2-17）。侧面送气气刨枪的优点：结构简单，压缩空气紧贴炭棒喷出，炭棒长度调节方便。其缺点：只能向左或向右进行气刨。

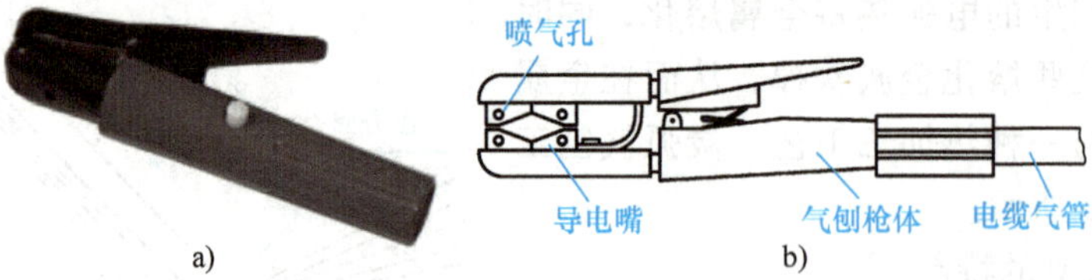

图2-17 侧面送气气刨枪结构示意图

（3）炭棒 炭棒是在炭弧气刨操作中主要的消耗材料，由碳、石墨加上适当的黏结剂，通过挤压成形，焙烤后镀一层铜而制成。炭棒主要分圆炭棒、扁炭棒两种：圆炭棒主要用于焊缝背面清根，以及焊缝返修时清除缺陷；扁炭棒刨槽宽度较宽，适用于大面积刨槽或刨平面、开坡口或切割铸铁等。炭棒表面镀铜的目的是增强炭棒的导电性。常用炭弧气刨的炭棒规格见表2-6（本任务选择ϕ5mm炭棒）。

表 2-6 常用炭棒规格

断面形状	规格 / mm	断面形状	规格 / mm
圆形	$\phi 3 \times 355$	扁形	$3 \times 12 \times 355$
	$\phi 4 \times 355$		$4 \times 8 \times 355$
	$\phi 5 \times 355$		$4 \times 12 \times 355$
	$\phi 6 \times 355$		$5 \times 10 \times 355$
	$\phi 7 \times 355$		$5 \times 12 \times 355$
	$\phi 8 \times 355$		$5 \times 15 \times 355$
	$\phi 9 \times 355$		$5 \times 18 \times 355$
	$\phi 10 \times 355$		$5 \times 20 \times 355$

3. 炭弧气刨工艺制定

（1）电源极性选择

1）钢材。炭弧气刨时一般采用直流反接（工件接负极）。这样电弧稳定、熔化金属的流动性较好、凝固温度较低。因此，反接时刨削过程稳定，电弧发出连续的唰唰声，刨槽宽度一致、光滑明亮。若极性接错，则电弧不稳且发出断续的嘟嘟声。

2）电源。极性对不同材料气刨过程的稳定性和质量的影响有所不同。常用金属材料的炭弧气刨的极性选择见表 2-7。

表 2-7 常用金属材料的炭弧气刨的极性选择

金属材料	钢	铸铁	铜及其合金	铝及其合金	不锈钢
极性	反接	正接	正接	正接或反接	反接

（2）炭棒直径与电流的选择

1）炭棒直径根据被刨削金属的厚度及刨槽宽度来选择。被刨削金属板厚增加，炭棒直径也增加；刨槽宽度越宽，炭棒直径也越大，通常炭棒直径应比刨槽宽度小 2mm 左右。

2）电流与炭棒直径成正比关系，一般可参照下面的经验公式选择电流

$$I=(60\sim80)D \qquad (2\text{-}1)$$

式中 I——电流（A）；

D——炭棒直径（mm）。

3）对于一定直径的炭棒，如果电流较小，则电弧不稳，且易产生夹碳缺陷；适当增大电流，可提高刨削速度，使刨槽表面光滑、宽度增大。在实际应用中，一般选用较大的电流，但电流过大时，炭棒烧损很快，甚至炭棒熔化、造成渗碳。

（3）刨削速度　刨削速度对刨槽尺寸、表面质量和刨削过程的稳定性有一定的影响。刨削速度须与电流大小和刨槽深度（或炭棒与工件间的夹角）相匹配。刨削速度太快，易造成炭棒与金属短路、电弧熄灭，形成夹碳缺陷。一般刨削速度为 0.5~1.2m/min。

（4）压缩空气的压力　压缩空气的压力会直接影响刨削速度和刨槽表面质量。压力高，可提高刨削速度和刨槽表面的光滑程度；压力低，则造成刨槽表面粘渣。一般要求压缩空气的压力为 0.4~0.6MPa。压缩空气所含水分和油分可通过在压缩空气的管路中加过滤装置予以限制。

（5）炭棒的外伸长　炭棒从导电嘴到炭棒端点的长度为外伸长。炭弧气刨时，若外伸长大，压缩空气的导电嘴离电弧就远，易造成风力不足，不能将熔渣顺利吹掉，而且炭棒也容易折断。一般外伸长为 80~100mm。随着炭棒烧损，炭棒的外伸长不断减小，当外伸长减小

至 20~30mm 时，应将外伸长重新调至 80~100mm。

（6）炭棒与工件的夹角　炭棒与工件的夹角 α（图 2-15）的大小，主要会影响刨削深度和刨削速度。夹角增大，则刨削深度增加，刨削速度减小。一般炭弧气刨采用夹角 45°左右为宜。

三、任务实施

1. 基本操作

根据炭棒直径选择并调节电流，使气刨枪夹紧炭棒并调节炭棒外伸长为 80~100mm。打开气阀并调节好压缩空气流量，使气刨枪气口和炭棒对准待刨部位。

采用直击法引弧，电弧引燃后，电弧长度保持为 1~2mm，炭棒与工件的夹角为 25°~45°，倾角增加时，刨槽的深度也增加。开始刨削时，速度要慢一些，使钢板能较好地熔化，当钢板熔化而被压缩空气吹走时，可适当加快刨削速度（0.5~1.2m/min）。在刨削过程中，炭棒不应横向摆动和前后往复移动，只能沿刨削方向做直线运动。

操作技能：
炭弧气刨操作

刨削过程中要及时调整炭棒的外伸长，以免烧损气刨枪。调整炭棒的外伸长时，不能停止送风，以便于炭棒冷却。刨削完成后，先断弧再停止送风，最后用敲渣锤、钢丝刷清渣，必要时使用砂轮机对刨削部分进行清理。

2. 技能技巧

1）开始刨削时，炭棒与工件的夹角要小，逐渐将其增大到所需的角度。在刨削过程中，若弧长、刨削速度和夹角三者配合适当，则电弧稳定、刨槽表面光滑明亮；否则电弧不稳、刨槽表面可能出现夹碳和粘渣等缺陷。

2）在垂直位置时，应由上向下操作，这样重力的作用有利于除去熔化金属；在水平位置时，既可从左向右，也可从右向左操作；在仰位时，熔化金属由于重力的作用很容易落下，这时应注意防止熔化金属烫伤。

3）炭棒与工件间的夹角由槽深而定，刨削深度要求大，夹角就应大一些。然而，一次刨削的深度越大，对操作人员的技术要求越高，且容易产生缺陷。因此，刨槽较深时往往要求刨削 2~3 次。

4）要保持均匀的刨削速度。均匀清脆的嘶嘶声表示电弧稳定，能得到光滑均匀的刨槽。速度太快易短路；太慢又易断弧。每段刨槽衔接时，应在弧坑上引弧，以防止弄伤刨槽或产生严重凹痕。

5）刨削完成后，尽量采用角向磨光机或电铣方法对刨槽进行磨光，去掉因炭弧气刨高温操作时形成的碳化层。

关键技术点拨

1. 夹碳的防止

刨削速度和炭棒送进速度不稳，造成短路熄弧，炭棒粘在未熔化的金属上，易产生夹碳缺陷。夹碳缺陷处会形成一层碳的质量分数高达 6.7% 的硬脆的碳化铁。若夹碳残存在坡口中，则焊后易产生气孔和裂纹。

排除措施：夹碳主要是由操作不熟练造成的，因此应提高操作技术水平。在操作过程中要细心观察，及时调整刨削速度和炭棒送进速度。发生夹碳后，可用砂轮、风铲或重新用气刨将夹碳部分清除干净。

2. 粘渣的防止

炭弧气刨吹出的物质俗称为渣。它实质上是氧化铁和碳化铁等化合物，易粘在刨槽的两侧而形成粘渣，焊接时容易形成气孔。

排除措施：粘渣的主要原因是压缩空气压力偏小。发生粘渣后，可用钢丝刷、砂轮或风铲等工具将其清除。

3. 铜斑的防止

炭棒表面的铜皮成块剥落，熔化后集中熔敷到刨槽表面某处而形成铜斑。焊接时，该部位焊缝金属的含铜量可能增加很多而引起热裂纹。

排除措施：炭棒镀铜质量不好、电流过大都会造成铜皮成块剥落而形成铜斑。因此，应选用质量好的炭棒和选择合适的电流。当发生铜斑后，可用钢丝刷、砂轮或重新用气刨将铜斑清除干净。

4. 防止刨槽尺寸超差和形状不规则

在炭弧气刨操作过程中，有时会产生刨槽不正、深浅不匀甚至刨偏的缺陷。

排除措施：产生这种缺陷的主要原因是操作技术不熟练，因此应从以下几个方面改善操作技术。

1）保持刨削速度和炭棒送进速度稳定。

2）在刨削过程中，炭棒的空间位置，尤其是炭棒与工件的夹角应合理且保持稳定。

3）刨削时应集中注意力，使炭棒对准预定刨削路径。

4）在清根时，应将炭棒对准根部间隙。

3. 试件及现场清理

用敲渣锤、钢丝刷等工具清理飞溅和焊渣，不得用水冷却。操作结束后，整理工具及设备，关闭电源，清理场地，将电缆线盘好，做到安全文明生产，并填写交班记录。

四、任务评价和总结

根据炭弧气刨评分表（表 2-8）进行质量检查。由学生自检、学生之间互检、指导教师检查（专检）。

表 2-8　炭弧气刨评分表

操作者：　　　　　　　　　　　　　　　　　操作日期：　　年　　月　　日

考核项目	分值	自检评分	互检评分	专检评分	备注
尺寸和形状	10 分				
粘渣现象	5 分				
夹碳现象	10 分				
刨槽是否有裂纹	15 分				
刨槽深度 5mm ± 1mm、深度差	15 分				
刨槽宽度 8mm ± 1mm、宽度差	15 分				
刨槽直线度、平行度	10 分				
刨槽平滑、波纹均匀	15 分				
安全文明、焊件清理	5 分				
合计	100 分				

注：评分表可复印使用。

学习过程记录卡

班级		学习开始时间	年 月 日
姓名		学习完成时间	年 月 日
学习笔记			
学习心得			
学习总结			

安全小贴士

1. 弧光辐射的防护

弧光辐射是所有明弧焊共同存在的有害因素。焊条电弧焊的弧温为5000~6000℃，因而可产生较强的弧光辐射。弧光辐射的防护措施主要有佩戴护目镜、穿着防护工作服、戴焊工防护手套、穿工作鞋等。

2. 噪声的控制

焊接车间的噪声不得超过90dB，控制噪声的方法有以下几种：

1）采用低噪声工艺及设备。

2）采用隔声措施。

3）采取吸声降噪措施，降低室内混响声。

4）操作者佩戴耳罩或耳塞等个人防护器材。

榜样的故事

“稳、准、匀”——“焊接巧匠”高凤林（中国高技能人才楷模，中国航天科技集团公司第一研究院特种熔融焊接特级技师）

高凤林进入技校时，老师就说：“如果有一天，你们中的哪一位能够成为火箭发动机的焊工，那就是我们当中的英雄了”。两年后，高凤林竟被破格分到火箭发动机车间工作，而且是发动机车间的书记、工段长、组长一起看中的。

与许多学生一样，高凤林第一次拿起焊枪也很不顺手，并被突然闪出的弧光吓了一跳，结果下意识一提焊枪，连焊条都掉了。他放下面罩，关掉电源，一屁股坐在地上，半天没有再动一下。等回过神来，他拿出一支笔和笔记本，在上面认真地记录着什么，接着去看师傅的操作，再去看其他师傅的操作，然后回到自己的工位上先模拟操作一遍，想一想，又模拟一遍，又在纸上写几下，再模拟一遍。最后可以操作了：打开电源，拿起面罩和焊枪，深吸一口气，高凤林焊下了人生中的第一条焊缝。而这一段，恰好被路过的工段长看见，他好奇地拿起高凤林的笔记本，只见上面写着：焊接操作规程……自己操作时的心理变化……师傅和同学们的操作特点……最后是三个大大的字和三个大大的惊叹号“稳！”“准！”“匀！”

工段长心里暗暗叫好：这个学生了不得，第一次实习就知道自己思考、感悟焊接的基本要领，是个好苗子。放下笔记本，工段长看了眼高凤林焊的焊缝，叹了口气，拿起焊枪在旁边又焊了一道焊缝就走了。高凤林看了两道截然不同的焊缝，沉默了……实习期间，高凤林几乎将所有的时间都用在车间里，做了车间几乎所有的杂事，成了车间几乎所有师傅的徒弟。别的同学打球、玩耍，他手握红砖、伸直胳膊，独自站在烈日下，任汗水在脸上、身上肆意流淌……

后来，他成为了“中国十大高技能人才楷模”之一。

复习与思考

一、填空题

1. ________是一种气体放电现象，它是带电粒子通过两电极之间气体空间的一种导电过程。

2. 引弧时，首先将焊条与工件接触，使焊接回路短路，接着迅速将焊条提起_______mm，在焊条提起的瞬间，电弧即被引燃。

3. 由于多种因素的影响，电弧周围磁力线均匀分布的状况被破坏，使电弧偏离焊条轴线方向，这种现象称为_______。

4. 根据操作手法不同，引弧方法可分为_______和_______两种。

5. 炭弧气刨一般采用具有_______特性且动特性较好的手工直流电弧焊机作为电源。

二、简答题

1. 炭弧气刨主要应用在哪些方面?

2. 如何通过电弧声音来判断电流?

3. 施焊时在起焊处预热的作用是什么?

项目三

焊条电弧焊平焊技能

项目导入

在钢结构制造过程中，平焊位置是最常遇到的操作位置，平焊位置相对于其他位置操作容易，是板、管及其他位置的操作基础。从本项目开始，学习者将真正意义上接触到各类焊件、各种位置的焊接，平焊位置单面焊双面成形技术是学习焊条电弧焊技能操作的第一步。

学习目标

1.掌握板对接平焊单面焊双面成形操作技能。
2.掌握板对接平焊双面焊操作技能。
3.掌握T形接头平角焊操作技能。
4.掌握T形接头船形焊操作技能。
5.掌握插入式管板垂直固定俯位焊操作技能。

项目实施

本项目共分为板对接平焊单面焊、双面焊，T 形接头平角焊、船形焊，插入式管板垂直固定俯位焊五个任务单元，目的是通过不断实践，掌握焊条电弧焊平焊操作技能。

任务 3.1　板对接平焊单面焊

一、任务布置

微课：板对接平焊单面焊双面成形

1. 工作任务描述

1）掌握板对接平焊单面焊双面成形操作要领。

2）制定装焊方案。

3）选择焊接参数。

4）按焊接安全、清洁、环境和焊接工艺要求完成焊接操作，制作合格的工件。

5）对工件进行质量检测。

2. 施工图

板对接平焊单面焊施工图如图 3-1 所示。

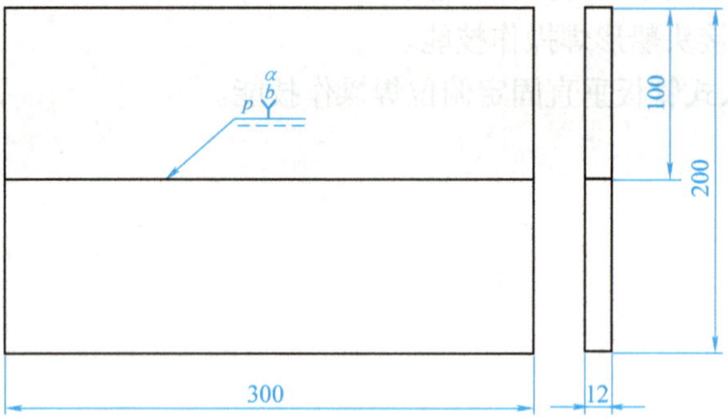

技术要求

1.焊缝根部间隙 b=3 ~3.5,钝边 p=0.5 ~1，坡口角度 α=60°±2°。
2.材料:Q235A。
3.焊后变形量小于3°。

图 3-1　板对接平焊单面焊施工图

3. 任务解析

1）单面焊双面成形操作技术是采用普通焊条，以特殊的操作方法，在坡口的正面焊接，焊后保证坡口正、反两面都能得到满足要求的焊缝的一种操作方法，是一项在压力管道和锅炉压力容器焊接中焊工必须掌握的操作技术。

2）单面焊要控制好试件变形，解决措施是试件装配时进行反变形，反变形量需掌握恰当。

3）打底层是单面焊双面成形的关键层，打底层熔孔不易观察和控制，焊缝背面易造成未焊透；在电弧吹力和熔化金属重力作用下，背面易产生焊瘤或焊缝超高等缺陷。要想得到合格的焊缝外观，在装配时要留有合适的装配间隙，同时要有正确的操作手法和技能。

二、任务准备

1. 电焊机及辅助工具

（1）设备选择与检查

1）本任务可采用直流下降特性焊机（如 ZX7−400），选用碱性或者酸性焊条施焊，焊接电缆回路如图 3-2 所示。

2）检查设备状态，电缆线接头是否接触良好，焊钳电缆是否松动破损，确认焊接回路地线连接可靠，避免因地线虚接、线路降压变化而影响电弧电压稳定；避免因接触不良造成电阻增大而发热，烧毁焊接设备。检查安全接地线是否断开，避免因设备漏电造成人身安全隐患。

（2）辅助工具　在焊工操作区应准备好錾子、敲渣锤、锤子、锉刀、钢丝刷、钢直尺、角向磨光机、焊接检验尺等辅助工具和量具。

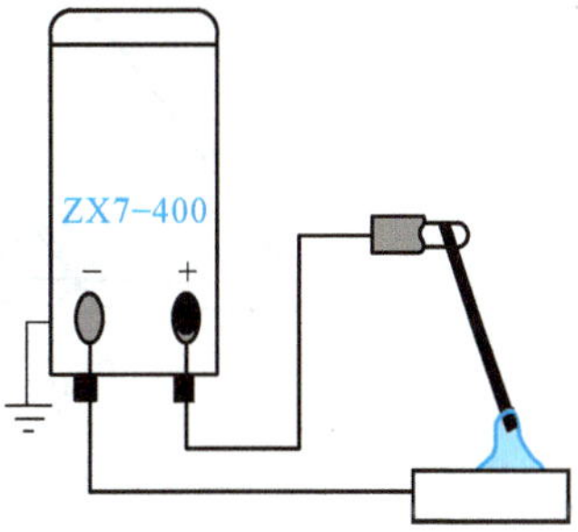

图 3-2　焊接电缆回路

2. 焊接参数制定

板对接平焊单面焊焊接参数见表 3-1。

表 3-1　板对接平焊单面焊焊接参数

焊道分布	焊条型号	焊接层次		焊条直径 / mm	焊接电流 / A	电源极性
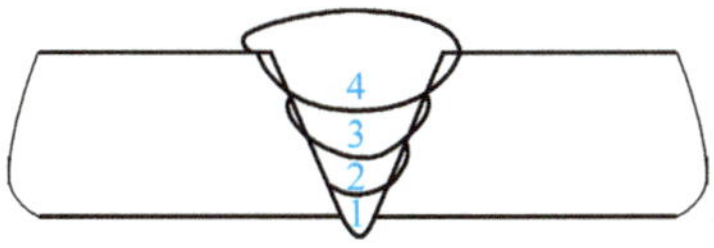	E5015（经 350～400℃烘干，保温 1~2h，随取随用）	打底（1层）	连弧法	3.2	80~90	直流反接
			灭弧法	3.2	95~105	
		填充（2层）		3.2	120~130	
				4.0	160~175	
		盖面（1层）		3.2	110~120	
				4.0	150~165	

注：装配时焊接电流为 110~120A（焊条直径为 ϕ3.2mm）。

3. 备料

准备厚度为 12mm 的 Q235A 钢板，下料尺寸为 100mm × 300mm。用半自动火焰切割机或数控火焰切割机进行下料，坡口制备可采用火焰切割或机械加工。切割（或机加工）边缘表面粗糙度为 *Ra*25~100μm。当用半自动火焰切割机制备坡口后，还需要对坡口进行清理、去除氧化渣。可用角向磨光机打磨 0.5~1mm 钝边。

4. 装配

1）按图样对试件尺寸进行检查。

2）对试件坡口进行修磨，并确保在坡口两侧各 20mm 范围内无水、油、锈等杂质，直至露出金属光泽。

3）在装配平台上对两块试件进行组对。装配间隙：始焊端约为 3mm，终焊端约为 4mm，反变形量为 3°~5°；错边量不大于 1mm。用与正式焊接同样的焊条在焊件两端坡口内侧进行定位焊，定位焊缝长约 10mm，如图 3-3 所示。

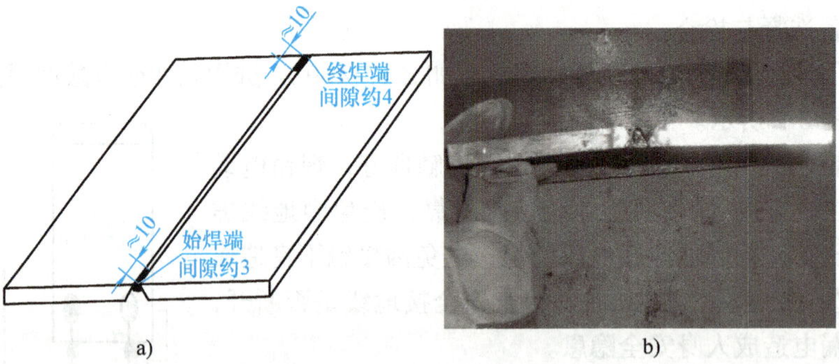

图 3-3　平对接单面焊双面成形装配图

a）定位焊　b）反变形

三、任务实施

1. 打底层（第一层焊缝）

（1）基本操作

操作技能：
平对接打底

1）将装配好的试件放在用槽钢或角钢制作的工艺装备上，使试件间隙处的背面悬空。将焊件间隙窄的一端放在操作者左侧，从焊件间隙窄的一端引弧。操作时可采用连弧法和灭弧法。由于灭弧法较为容易控制熔池，所以初学者一般先学习灭弧法，焊条与左右试件之间的夹角为 90°，与焊接方向的夹角为 70°~80°，如图 3-4 所示。

2）打底层焊接完成后，用敲渣锤清除焊渣，并用钢丝刷清理焊缝表面，使焊缝露出金属光泽，为填充层的焊接做好准备。

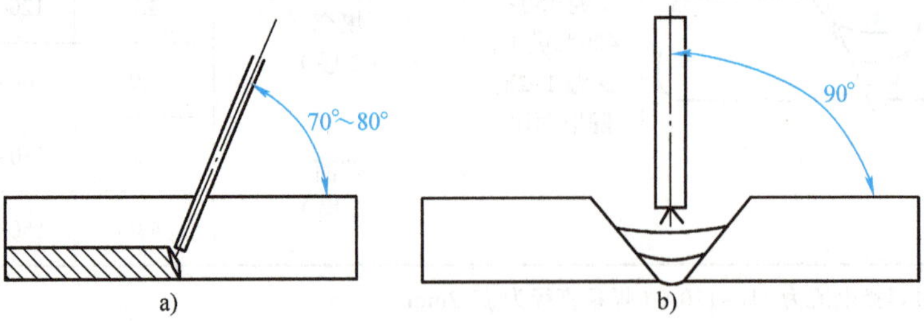

图 3-4　打底层焊接焊条角度

（2）技能技巧

1）在引弧位置打底层施焊时，在焊件左端定位焊缝的始焊处引弧，稍作停顿预热，横向摆动向右施焊，电弧到达定位焊右侧前沿时，下压焊条，将坡口根部熔化并击穿，这时注意“耳到”（听击穿孔“噗噗”的声音）和“眼到”（观察熔孔的形状）。

2）控制熔孔的大小可通过改变焊接速度、摆动频率和焊条角度调整。图 3-5 所示为熔孔的控制，为保证背面焊缝的宽度与高度基本一致，电弧熔化趾口每侧 0.5mm。熔孔过大时，焊条倾斜角稍大，向坡口两侧增大摆幅宽度来降低趾口温度，避免产生焊瘤、背面过高。熔孔过小时，将焊条压至趾口根部，用电弧的温度击穿趾口，通过肉眼观察熔孔大小，熔化趾口 0.5mm 后开始正常焊接，避免产生未焊透缺陷。

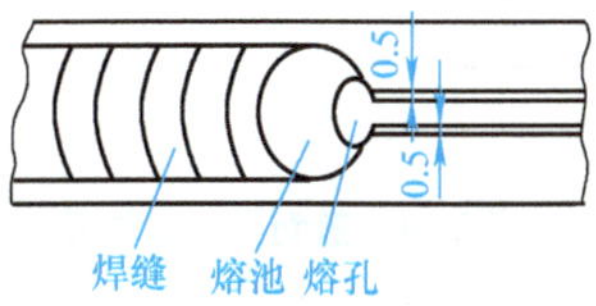

图 3-5　熔孔的控制

2. 填充层

（1）基本操作　填充层施焊前，先清除前道焊缝的焊渣、飞溅，并将焊缝接头的过高部分打磨平整。焊接时，焊条与试件垂直，并后倾 55°~70°（图 3-6），采用月牙形或锯齿形运条（图 3-7），运条时焊缝中间稍快，坡口两侧稍作停顿，保证焊缝与坡口的良好熔合。

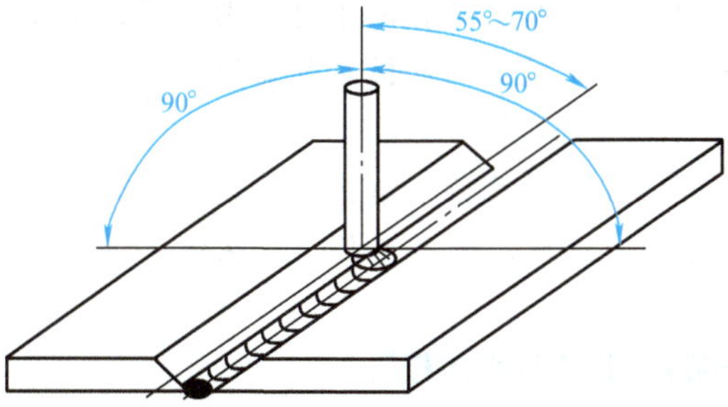

图 3-6　填充层焊接焊条角度

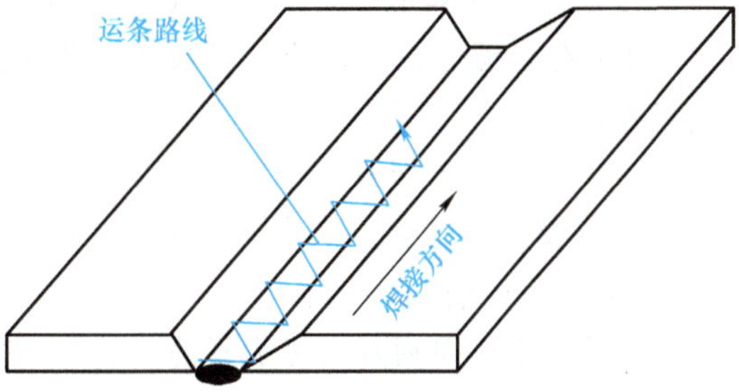

图 3-7　填充层焊接运条方法

（2）技能技巧　填充层焊接与打底层相比，运条方法为锯齿形，焊条摆动幅度大些，在坡口两侧停留时间稍长，应保证焊道平整并略下凹，最后一道填充层焊缝表面应低于母材表面 0.5~1.5mm（填充层层数与板材厚度相关）。

操作技能：
平对接填充

3. 盖面层

（1）基本操作　与填充层的焊接基本相同，采用月牙形或锯齿形运条，注意摆动的幅度和间距要保持一致，并注意与坡口两侧的熔合，防止咬边和未熔合等缺陷，使焊缝外观成形良好。

（2）技能技巧

1）盖面层焊接时摆动幅度比填充层稍大。摆动均匀，使铁液覆盖坡口原始棱边，每侧 1~1.5mm。

2）若填充层与母材高度一致，则应将焊条垂直于试件，摆动速度稍快，从而降低盖面高度。

操作技能：
平对接盖面

3）当焊接至末端收弧时，由于温度较高，为避免产生未焊满等缺陷，应采用画圆圈法焊满弧坑，如图3-8所示。

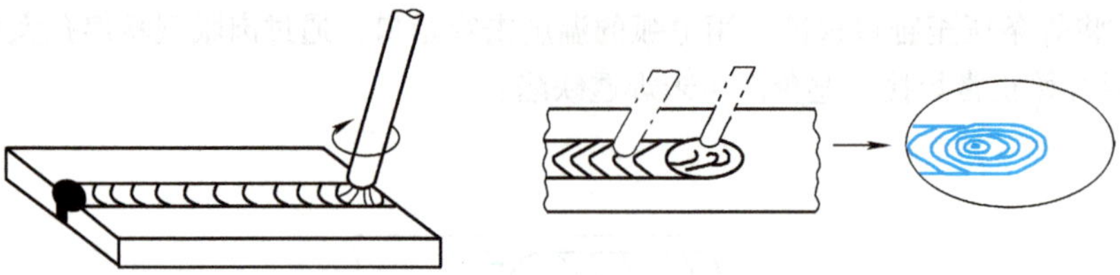

a) b)

图3-8 盖面层末端收弧

关键技术点拨

1. 单面焊双面成形的本质——电弧穿透打孔焊

单面焊双面成形的关键是打底层的焊接，如果打底层操作不好，往往会影响背面成形效果。初次接触单面焊双面成形，往往出现如下状况：担心有装配间隙而导致焊穿或在背面形成焊瘤，操作起来胆小，背面常常不会出现焊缝成形，造成未焊透的缺陷。究其原因是没有理解单面焊双面成形的本质——电弧穿透打孔焊，一个电弧两面用，使弧柱的1/3在背面燃烧。因此，背面焊缝的形成实质是穿过孔的电弧在背面焊接，从而形成焊缝。

为了保证背面焊透，装配、组对时都必须留有适当的间隙。装配间隙根据不同的焊接位置和操作习惯在焊条直径的0.8~1.1倍的范围内选取，采用连弧法时在焊条直径的0.7~1.0倍范围内选取。

由此可见，单面焊双面成形的关键是**“一弧两用”“打孔焊接”**。

2. 焊条角度与电弧吹力的关系

电弧吹力的方向是焊条的轴线方向。焊条角度越大，电弧吹力的水平分力越小，垂直分力越大；焊条角度越小，则电弧吹力的水平分力越大，垂直分力越小。在单面焊双面成形打底焊时，通过适当地调整焊条角度，可以有效地控制熔池。若熔孔较大、不易控制时，则可以减小焊条角度，降低垂直分力，从而避免熔孔越焊越大。反之，若背面成形不明显，则可以增大焊条角度，增大垂直分力，使熔孔变大，在电弧吹力作用下，熔融金属更容易流向焊缝的背面。通过焊条角度的变化和焊接速度的调整，控制熔孔尺寸，使其形状和大小始终保持一致。

4. 试件及现场清理

将焊好的试件用敲渣锤除去药皮渣壳，再用钢丝刷反复拉刷焊道，除去焊缝表面及附近的细小飞溅和灰尘。注意不得破坏试件原始表面，不得用水冷却。操作结束后，整理工具及设备，关闭电源，交回剩余焊条，清理场地，将电缆线盘好，做到安全文明生产，并填写交班记录。

四、任务评价和总结

根据板对接评分表（表 3-2）按照附录相应评分标准对试件进行质量检查。由学生自检、学生之间互检、指导教师检查（专检）。

表 3-2　板对接评分表（单面焊）

操作者：　　　　　　　　　　　　　　　　　　　　操作日期：　　年　　月　　日

考核项目	分值	自检评分	互检评分	专检评分	备注
表面裂纹	5 分				
表面单个气孔（正 / 背）	2 分				
弧坑未焊满	5 分				
未熔合	10 分				
咬边	8 分				
焊缝余高（正 / 背）	6 分				
焊缝高低差	5 分				
表面成形	5 分				
夹渣	8 分				
焊瘤	5 分				
焊穿	8 分				
角变形	5 分				
错边	5 分				
未焊透	8 分				
焊缝单侧增宽	5 分				
安全文明	10 分				
合计	100 分				

注：评分表可复印使用。

安全小贴士

焊接作业前，应进行场地清理，场地内不能有易燃、易爆物品和其他杂物，保持整洁。

焊工在操作时必须穿戴好棉质或皮质工作服、工作帽及焊工绝缘鞋（防砸绝缘鞋），工作服要宽松，裤脚盖住鞋盖（护脚盖），上衣盖住下衣，不要扎在腰带里。并戴平光防护眼镜、防尘卫生口罩，焊工防护手套不要有油污、不可破漏，必要时佩戴耳塞等。选用合适的遮光面罩护目玻璃色号。

学习过程记录卡

班级		学习开始时间	年 月 日
姓名		学习完成时间	年 月 日
学习笔记			
学习心得			
学习总结			

任务 3.2 板对接平焊双面焊

一、任务布置（根据教学实际选修）

1. 工作任务描述

1）掌握板对接平焊双面焊操作要领。

2）制定装焊方案。

3）选择焊接参数。

4）按焊接安全、清洁、环境和焊接工艺要求完成焊接操作，制作合格的工件。

5）对工件进行质量检测。

2. 施工图

板对接平焊双面焊施工图如图 3-9 所示。

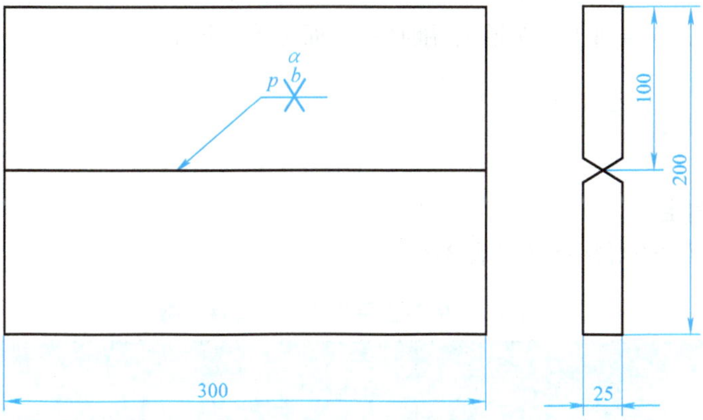

技术要求

1.焊缝根部间隙b=0～1，钝边p=0.5～1,坡口角度α=60°±2°。

2.材料:Q235A。

3.清根焊透，焊后变形量<3°。

图 3-9 板对接平焊双面焊施工图

3. 任务解析

1）板对接平焊双面焊属于中厚板平焊范畴，是结构件焊接最常用的一种焊接方式。对于质量要求较高（焊后要求进行无损检测，如 UT 和 RT）的厚板焊接结构，对接焊缝都必须清根焊透。在施焊完一面（或在一面施焊一定层数）后、对反面进行施焊前，使用适当的工具从反面对已完成焊缝的根部进行清理，称为清根。本任务所用材料是普通材料，可用炭弧气刨进行清根处理。

2）板对接平焊双面焊（平、横、立、仰等位置）与相应位置板对接单面焊在焊接顺序上有较大的不同。双面焊操作时，焊接的层数、道数较多，可通过调整各层之间的焊接顺序来控制焊接变形，有一定的操作难度。

3）除不需要单面焊双面成形外，焊接操作手法与平对接单面焊基本相同。

4）以 25mm 钢板为例，板对接平焊双面焊的焊接顺序（图 3-10）如下。

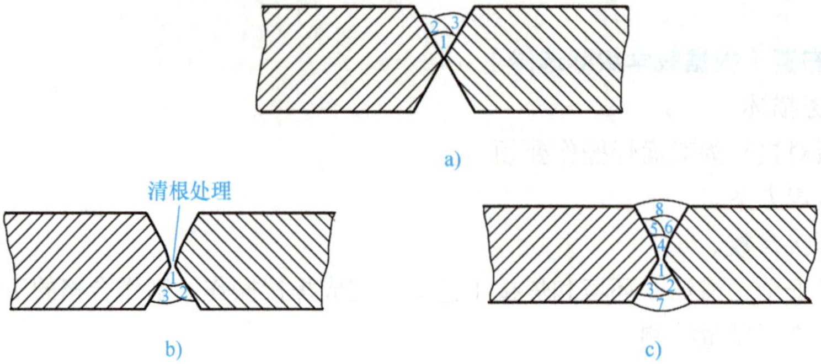

图 3-10 25mm 钢板对接平焊双面焊焊接顺序

a）打底、填充 b）背面清根处理 c）填充、盖面

打底（第 1 道）—正面填充（第 2、3 道）—背面清根、翻身—打底（第 4 道）—背面填充（第 5、6 道）—盖面（第 7 道）、翻身—盖面（第 8 道）。

二、任务准备

1. 电焊机及辅助工具

同任务 3.1。

2. 焊接参数制定

板对接平焊双面焊焊接参数见表 3-3。

表 3-3 板对接平焊双面焊焊接参数

焊道分布	焊条型号	焊接层次	焊条直径 /mm	焊接电流 /A	电源极性
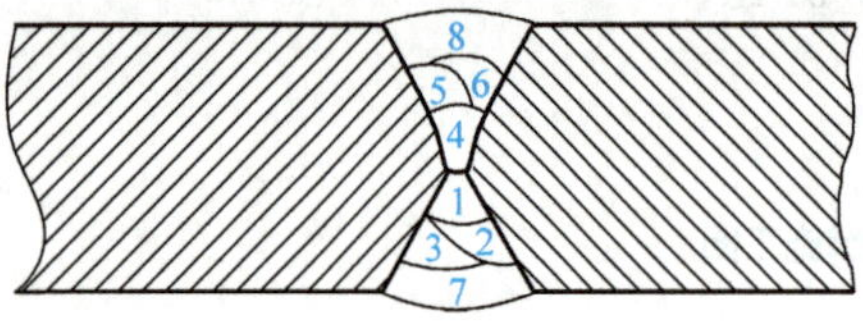	E5015	打底（第 1、4 道）	3.2	90~100	直流反接
		正面填充（第 2、3 道）、背面填充（第 5、6 道）	4.0	160~175	
		盖面（第 7、8 道）	4.0	150~165	

注：装配时焊接电流为 110~120A（焊条直径为 ϕ3.2mm）。

3. 备料

准备厚度为 25mm 的 Q235A 钢板，下料尺寸为 300mm × 100mm。用半自动火焰切割机或数控火焰切割机进行下料，坡口制备可采用火焰切割或机械加工。切割（或机加工）边缘表面粗糙度为 *Ra*25~100μm。当用半自动火焰切割机制备坡口后，还需要对坡口进行清渣。可用角向磨光机打磨 0.5~1mm 钝边。

4. 装配

1）按图样对试件尺寸进行检查。

2）对试件坡口两侧进行打磨清理，确保在坡口两侧各 20mm 范围内无水、油、锈等杂质，直至露出金属光泽。

3）在装配平台上将两块试件组对，错边量不大于 0.5mm。用与正式焊接同样的焊条在试件两端进行定位焊，定位焊缝长 10~15mm，如图 3-11 所示。装配时不做反变形处理。

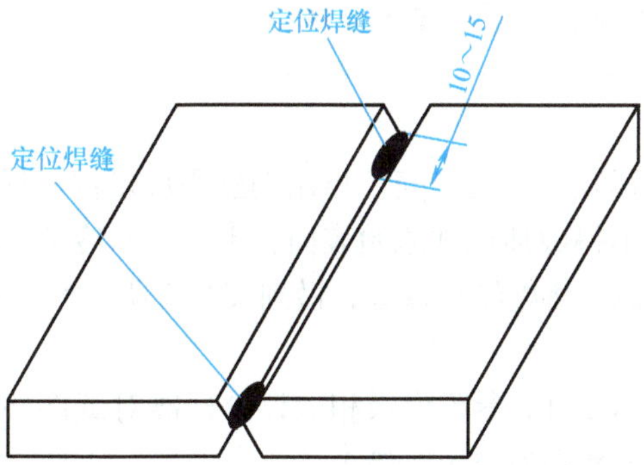

图 3-11　平对接双面焊装配图

三、任务实施

1. 打底层

（1）基本操作

1）将装配好的试件放在用槽钢或角钢制作的工艺装备上，使试件焊缝下面悬空。焊接时，焊条与试件垂直，与焊接方向的夹角为 70°~80°，采用月牙形或锯齿形运条，连弧法施焊运条时焊缝中间稍快，坡口两侧稍作停顿，保证焊缝与坡口的良好熔合。

2）翻身后焊背面打底层（第 4 道）时，焊接操作手法与第 1 道打底层类似。

（2）技能技巧

1）打底焊第 1 道时，由于背面有清根处理，故不需要单面焊双面成形，减小了一定的焊接操作难度。坡口间隙预留较小，仅需将钝边熔透、无夹渣即可（注意不要焊穿）。

2）翻身后焊背面填充层（第 5、6 道）前，需将经炭弧气刨清根处理的焊道清理干净，去除氧化渣。

2. 填充层

基本操作及技能技巧同任务 3.1。

3. 盖面层

基本操作及技能技巧同任务 3.1。

4. 清根处理

1）炭弧气刨前先检查电源的极性是否正确（气刨枪接正极、试件接负极），检查电缆及气管是否接好。根据试件厚度、槽的宽度选择炭棒直径和调节好电流，调节炭棒伸出长度为 80~100mm。检查压缩空气管路、调节压力，调整风口并使其对准焊缝根部。

2）炭弧气刨基本操作及技能技巧详见任务 2.3。操作时，要注意清除第 1 道焊缝根部的气孔、凹坑、夹渣等缺陷，并刨出 U 形坡口，确保坡口底部光滑。在清根完成后，用角向磨光机对清根位置进行清理打磨，直至露出金属光泽。

关键技术点拨——多观测，勤“翻身”

厚板件双面焊时，控制变形很重要，在试板装配时，一般不预留反变形，主要方法是通过在焊接过程中调整焊接顺序来控制试件的变形。为了有效控制试件变形，施焊时要随时观测角变形量。在一面坡口每焊完一道或几道焊缝，可用钢直尺测量试件的角变形量，根据角变形大小来调整焊接顺序。总的原则：一面角变形过大，即可转向另一面（俗称“翻身”）焊接或增加另一面焊道的厚度。

5. 试件及现场清理

将焊好的试件用敲渣锤除去药皮渣壳，再用钢丝刷反复拉刷焊道，除去焊缝表面和附近的细小飞溅和灰尘。注意不得破坏试件原始表面，不得用水冷却。操作结束后，整理工具及设备，关闭电源，清理场地，将电缆线盘好，做到安全文明生产，并填写交班记录。

四、任务评价和总结

根据板对接评分表（表3-4）参照附录相应评分标准对试件外观质量进行检查。由学生自检、学生之间互检、指导教师检查（专检）。

表3-4 板对接评分表（双面焊）

操作者： 操作日期： 年 月 日

考核项目	分值	自检评分	互检评分	专检评分	备注
表面裂纹	5分				
表面单个气孔（正/反）	4分				
弧坑未焊满	5分				
咬边	8分				
焊缝余高（正/背）	5分				
焊缝高低差	5分				
表面成形	5分				
夹渣	8分				
角变形	5分				
错边	5分				
焊缝单侧增宽	5分				
安全文明	10分				
合计	70分				

注：焊缝内部质量可按照《承压设备无损检测》（NB/T 47013.2—2015）检测。Ⅰ级无缺陷：30分；Ⅰ级有缺陷：20分；Ⅱ级：10分；Ⅲ级：5分；Ⅳ级：0分。

学习过程记录卡

班级		学习开始时间	年 月 日
姓名		学习完成时间	年 月 日
学习笔记			
学习心得			
学习总结			

任务 3.3 T 形接头平角焊

一、任务布置

1. 工作任务描述

1）掌握 T 形接头平角焊操作要领。

2）制定装焊方案。

3）选择焊接参数。

4）按焊接安全、清洁、环境和焊接工艺要求完成焊接操作，制作合格的工件。

5）对工件进行质量检测。

2. 施工图

T 形接头平角焊施工图如图 3-12 所示。

微课：
T形接头平角焊

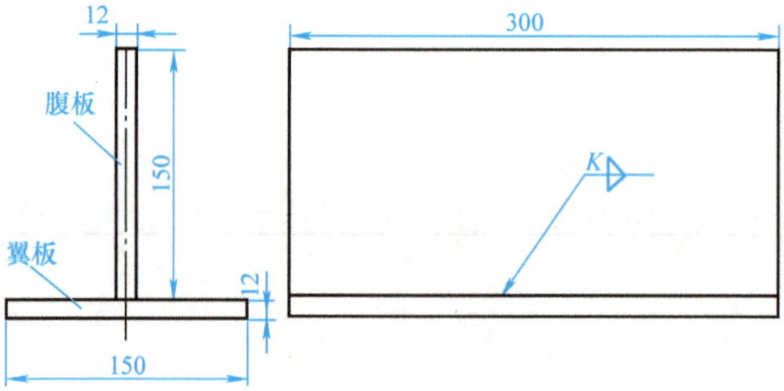

技术要求

1.材料：Q235A。
2.K=8±1,焊缝截面为等腰直角三角形。

图 3-12 T 形接头平角焊施工图

3. 任务解析

1）焊接结构中，经常见到 T 形接头、搭接接头、角接头，这些接头形成角焊缝，任务 3.3、任务 3.4、任务 3.5、任务 5.2、任务 6.2 就是针对不同位置角焊缝的技能训练。不要求焊透，操作难度主要为外观成形、焊脚尺寸对称、外观平整。

2）焊脚尺寸决定焊接层数，焊脚尺寸在 5mm 以下时，多采用单层焊；焊脚尺寸大于 8mm 时，采用多层多道焊。

3）多层多道焊时，可通过调整左右两面角焊缝各层（道）焊接顺序，来防止 T 形接头角变形（任务 3.4、任务 5.2、任务 6.2 同）。本任务中，分为打底层、盖面层两层。当焊脚尺寸大于 8mm 时，可增加一层填充层，即分为打底层、填充层和盖面层，如图 3-13 所示。

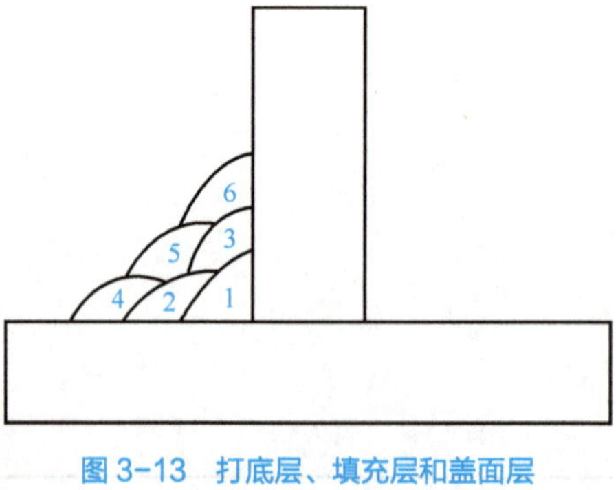

图 3-13 打底层、填充层和盖面层

4）对于多层多道焊，在盖面层最后一道焊接时（见表 3-5，焊第 4、6 道焊缝时），为了防止咬边和沟槽，电流应比焊盖面层第一道（见表 3-5，第 3、5 道焊缝）时小。

二、任务准备

1. 电焊机及辅助工具

辅助工具增加直角尺，其他同任务 3.1。

2. 焊接参数制定

T 形接头平角焊焊接参数见表 3-5。

表 3-5　T 形接头平角焊焊接参数

焊道分布	焊条型号	焊接层次	焊条直径 /mm	焊接电流 /A	电源极性
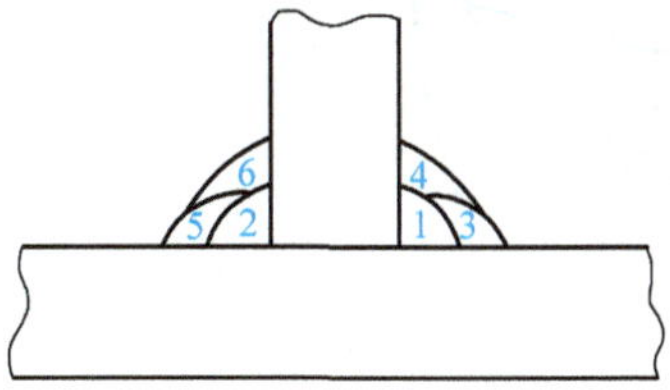	E5015（经 350~400℃烘干，保温 1~2h，随取随用）	打底（第 1、2 道）	3.2	110~130	直流反接
		盖面（第 3 道 ~ 第 6 道）	3.2	100~120	
			4.0	160~180	

注：装配时焊接电流为 110~120A（焊条直径为 ϕ3.2mm）。

3. 备料

准备厚度为 12mm 的 Q235A 钢板，下料尺寸为 300mm × 150mm（腹板和翼板各一块）。用半自动火焰切割机或数控火焰切割机进行下料，确保坡口表面平直度，并清理去除氧化渣。

4. 装配

1）按照图样对试件尺寸进行检查。

2）对腹板一侧待焊区 20mm 内区域、翼板中心线待焊区 60mm 内区域进行打磨，确保无水、油、锈等杂质，直至露出金属光泽。

3）将打磨好的翼板水平放置在操作台上，按施工图在翼板上划出腹板装配定位线，用直角尺将腹板与翼板按装配定位线装配成 T 形，不留间隙，如图 3-14 所示。采用正式焊接所用焊条进行定位焊，定位焊位置在试件两端前后对称处，四条定位焊缝长为 10~15mm，如图 3-15 所示。定位焊完成后，用直角尺检查，确保腹板与翼板的垂直度。

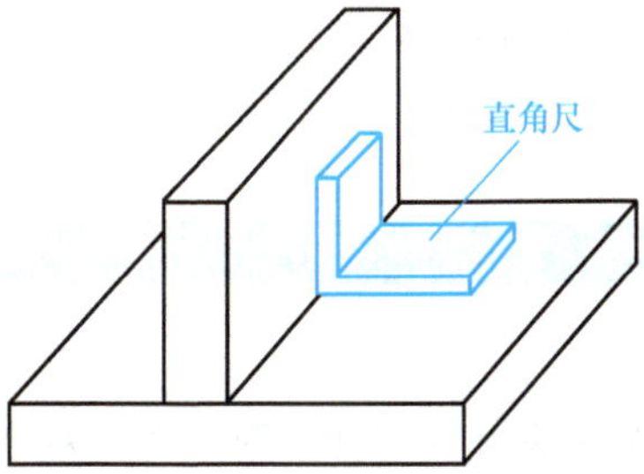

图 3-14　T 形接头平角焊装配图

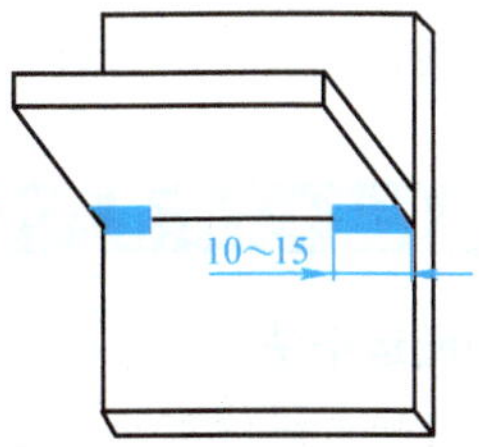

图 3-15　定位焊位置

三、任务实施

1. 打底层（第一层焊缝）

打底焊操作时，采用直线运条法、短弧焊，速度要均匀。焊接时，保持焊条与水平试件成 45°，与焊接方向的夹角为 65°~80°，如图 3-16 所示。注意熔渣和铁液的熔敷效果，收尾时要特别注意填满弧坑。一般选用小直径（3.2mm）焊条，电流较平焊时稍大，以达到一定的熔深。

操作技能：T形接头平角焊打底

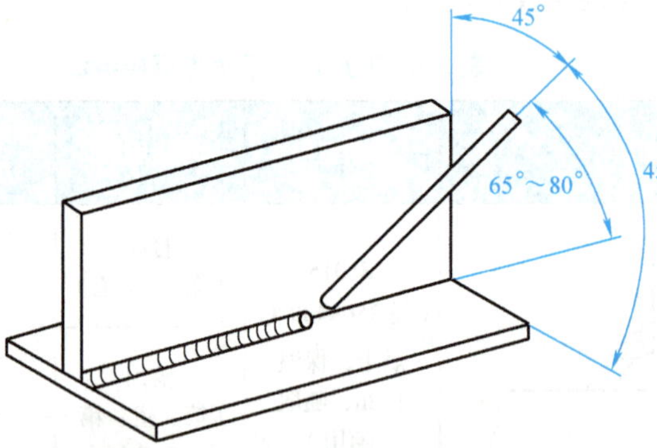

图 3-16 打底层焊条与焊缝之间的角度

2. 盖面层

盖面层施焊前，先将打底层焊渣清理干净。盖面焊缝根据焊脚尺寸可分为单道焊缝盖面（图 3-17a）或双道焊缝盖面（图 3-17b）。

操作技能：T形接头平角焊盖面

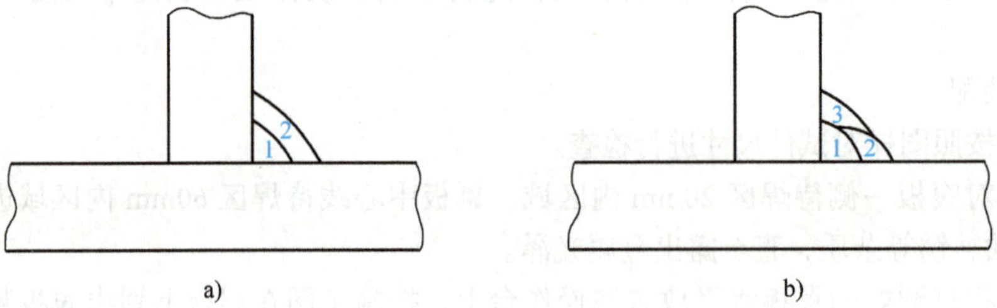

a) b)

图 3-17 焊缝盖面示意图

a）单道焊缝盖面 b）双道焊缝盖面

（1）单道焊缝盖面 单道焊缝盖面适用于焊脚尺寸为 5~8mm。在施焊前，必须将第一层焊道焊渣清理干净。如果发现夹渣，为保证层与层之间的紧密结合，可用小直径焊条修补后再焊盖面层。当发现第一层焊道有咬边时，可在盖面时在咬边处多做停留，以消除咬边缺陷。焊条角度同打底层，运条方式可采用斜圆圈或锯齿形运条法。

关键技术点拨

1. 斜圆圈运条法

T 形接头平角焊的难点在于盖面层成形，为了得到良好的焊缝外观，对于焊脚尺寸较大（如 5~8mm）的单层单道焊及双层单道焊（一层打底加一层盖面），多采用斜圆圈运条法进行焊接。

斜圆圈运条法运条时，沿着角接头中心线在前进方向划斜圆圈，斜圆圈之间相互重叠，如图 3-18 所示。由 *a* 到 *b* 要慢，焊条微微向前移动，以防熔渣超前；由 *b* 到 *c* 稍快，以防熔化金属下淌；在 *c* 处稍作停顿，以添加合适的熔滴，避免咬边；由 *c* 到 *d* 稍慢，保持各熔池之间形成 1/2~2/3 的重叠；由 *d* 到 *e* 稍快，在 *e* 处稍作停顿。

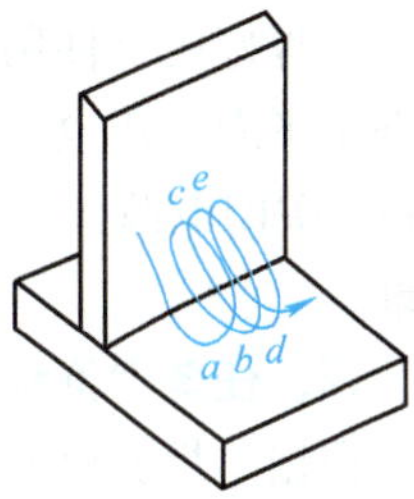

图 3-18 斜圆圈运条法

2. T 形、角接接头的“盲焊”

所谓“盲焊”是指眼睛不看焊缝，完全凭手感进行操作。薄板（板厚为 4mm 以下）的 T 形、角接接头，装配间隙较小时，可以进行“盲焊”：先调节好焊接电流（稍大），引弧后将焊条靠在腹板和翼板的夹角上，取好焊条角度（焊条中心对准腹板、翼板夹角的中心；焊条与水平面的夹角在 60°~70° 之间），使焊条沿焊缝移动，控制好焊条的移动速度，可以获得成形较好的角焊缝。

（2）双道焊缝盖面

1）双道焊缝盖面时，先焊第 2 道焊道，然后再焊第 3 道焊道。由于焊脚尺寸表面较宽、坡口较大，熔化金属容易下淌，给操作者带来一定困难，故多采用多层多道焊来焊接。盖面层焊接焊条角度如图 3-19 所示。当焊脚尺寸较大时，盖面层也可由 3 道及 3 道以上焊道组成。

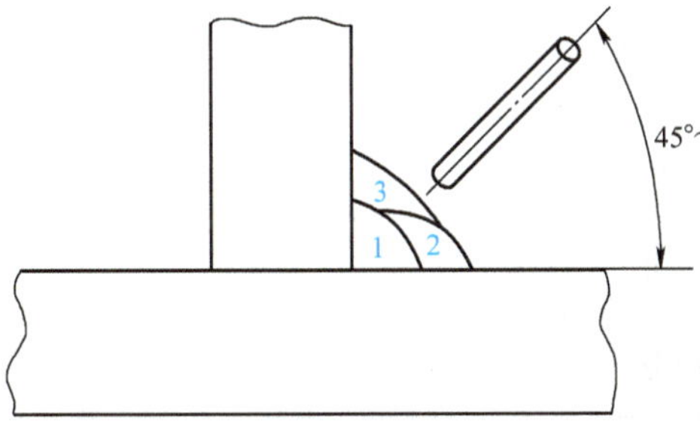

图 3-19 盖面层焊接焊条角度

2）在施焊前，必须先将第一层即第 1 道焊缝焊渣清理干净，再焊第 2 道焊缝，之后焊第 3 道焊缝。第 2 道焊缝焊接时，采用直线运条法，以第 1 道焊缝下边缘熔合线为中心运条，保持焊条与水平试件成 45°~50°，与焊接方向的夹角为 65°~80°，运条速度要均匀，比打底层焊接时的速度稍快。第 2 道焊缝要覆盖第 1 道焊缝的 1/2~2/3，并确保焊缝与底板之间熔合良好、边缘整齐。第 3 道焊缝焊接操作方法同第 2 道焊缝，焊条横向角度为 65°~80°，焊条的纵向角度为 40°~45°。施焊时，覆盖第 2 道焊缝的 1/3~1/2，覆盖到第 2 道焊缝最高点，以第 2 道焊缝上边缘熔合线为中心运条，焊接速度均匀、不能太慢，否则易产生咬边或焊瘤，造成焊缝成形不美观。整个焊接过程要采用短弧焊操作，避免电弧过长而造成气孔、夹渣等缺陷。同时应该始终保持熔池为椭圆形的状态，可以通过改变焊条角度和速度来调整熔池的形状。为防止 T 形接头发生角变形，在施焊时可采用左、右交替施焊的方法。

3. 试件及现场清理

将焊好的试件用敲渣锤除去药皮渣壳，再用钢丝刷反复拉刷焊道，除去焊缝表面及附近的细小飞溅和灰尘。注意不得破坏试件原始表面，不得用水冷却。操作结束后，整理工具及设备，关闭电源，上交剩余焊条，清理场地，将电缆线盘好，做到安全文明生产，并填写交班记录。

四、任务评价和总结

根据角焊缝评分表（表3-6）按照附录相应评分标准对试件进行质量检查。由学生自检、学生之间互检、指导教师检查（专检）。

表3-6　角焊缝评分表（平角焊）

操作者：　　　　　　　　　　　　　　　　操作日期：　　年　　月　　日

考核项目	分值	自检评分	互检评分	专检评分	备注
裂纹	10分				
表面单个气孔	2分				
弧坑未焊满	10分				
未熔合	15分				
咬边	10分				
焊缝凸度	5分				
焊缝高低差	3分				
表面成形	10分				
夹渣	10分				
角变形	5分				
角焊缝不对称	5分				
角焊缝厚度不足	5分				
安全文明	10分				
合计	100分				

注：评分表可复印使用。

学习过程记录卡

班级		学习开始时间	年　　月　　日
姓名		学习完成时间	年　　月　　日
学习笔记			
学习心得			
学习总结			

任务 3.4 T 形接头船形焊

一、任务布置

1. 工作任务描述

1）掌握 T 形接头船形焊操作要领。

2）制定装焊方案。

3）选择焊接参数。

4）按焊接安全、清洁、环境和焊接工艺要求完成焊接操作，制作合格的工件。

5）对工件进行质量检测。

2. 施工图

T 形接头船形焊施工图如图 3-20 所示。

微课：
T形接头船形焊

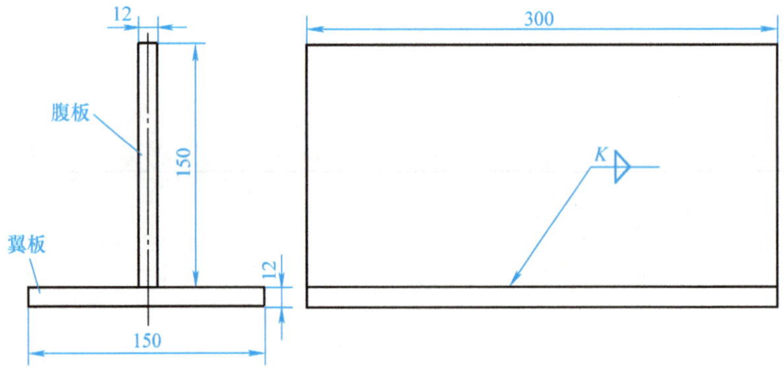

技术要求

1.试件材料:Q235A。
2.K=8±1,焊缝截面为等腰直角三角形。

图 3-20 T 形接头船形焊施工图

3. 任务解析

船形焊是T形、十字形和角接接头处于船形位置进行的焊接。例如在T形接头平角焊时，以翼板轴线为轴旋转 45° 就是船形焊。船形焊容易保证焊脚尺寸均匀，能避免平角焊缝焊肉易塌陷及焊缝上部焊趾咬边的问题，施焊方便、焊接速度快、生产率高。

通过对工件位置的调整，工字梁腹板与上下翼板四个角焊缝均可实现船形焊，如图 3-21 所示。在实际生产中可根据工件形状制作相应工艺装备或使用装焊装备，使工件焊缝处于船形位置。该工件焊脚尺寸为 8mm，可采用打底、盖面两道焊缝来完成。当焊脚尺寸较大时，也可根据焊脚尺寸，采用打底、填充、盖面多层多道焊。

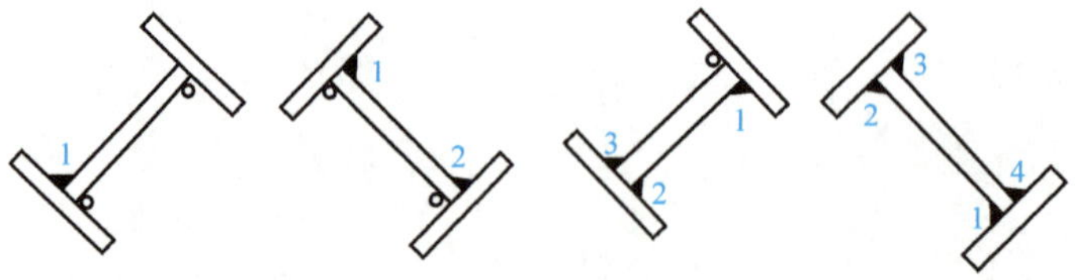

a) b) c) d)

图 3-21 工字梁船形焊

船形焊的难点是保证焊缝与母材两侧熔合良好，防止产生咬边（通常情况下，焊缝应该略呈凹形）。由于船形焊的过程中两板之间有夹角，不易控制，容易造成夹渣和咬边等缺陷，因此电流要大于平焊时的电流。在焊接过程中，还应通过调整焊条角度来促使铁液和熔渣的分离。

二、任务准备

1. 电焊机及辅助工具

辅助工具增加直角尺，其他同任务 3.1。

2. 焊接参数制定

T 形接头船形焊焊接参数见表 3-7。

表 3-7　T 形接头船形焊焊接参数

焊道分布	焊条型号	焊接层次	焊条直径/mm	焊接电流/A	电源极性
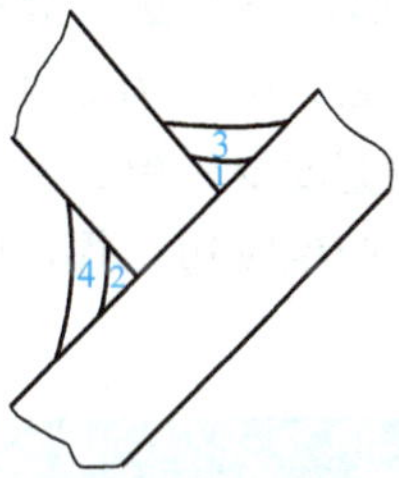	E5015（经 350~400℃烘干，保温 1~2h，随取随用）	打底	3.2	110~130	直流反接
		盖面	4.0	160~180	
			5.0	220~250	

注：装配时焊接电流为 110~120A（焊条直径为 ϕ3.2mm）。

3. 备料

同任务 3.3。

4. 装配

同任务 3.3。

三、任务实施

1. 打底层

（1）基本操作

1）将已经装配好的试件放置在船形焊接工艺装备上，使试件保持船形位置，如图 3-22 所示。操作时焊条与前进方向的夹角为 75°~85°，与两侧试件的夹角为 45°（铅垂位置）。焊接过程中，一般采用直线运条法短弧焊接，运条速度要均匀一致，焊芯与焊缝夹角中心重合。在焊接过程中，应该采用较大的焊接电流，要保证焊缝根部的熔深≥ 1mm。

2）打底层焊接完成后应用敲渣锤清除焊渣，并用钢丝刷清理焊缝表面，直至露出金属光泽，为盖面层的焊接做好准备。

（2）技能技巧　在运条时，为促使铁液和熔渣的分离可适当调整焊条角度，注意熔池始终保持椭圆形以及铁液的熔敷效果。

操作技能：
T形接头船形焊
打底

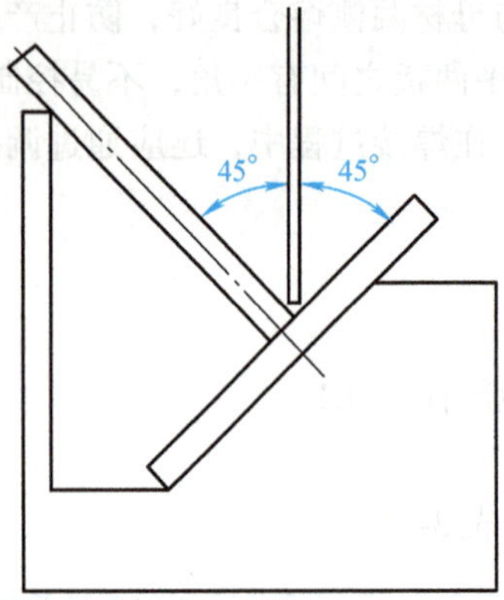

图 3-22 打底层焊接位置及焊条角度

操作技能：
T形接头船形焊
盖面

2. 盖面层

盖面层通常只需要焊一道，一般采用月牙形或者锯齿形运条方法。焊条角度和打底层焊接时基本相同。在焊接过程中，速度要均匀一致，弧长为 2~4mm，注意保持熔池的形状为椭圆形和铁液的熔敷效果。焊条摆动宽度要一致，到达焊缝两侧时要多做停留，确保焊缝与母材两侧熔合良好，防止产生咬边。焊后焊缝呈凹形。

关键技术点拨

1. “三分手艺、七分电流”

焊接电流的正确选择和使用是焊工最基本的技能，也是保证焊接质量的基本要求。习惯上，多数焊工喜欢使用大电流进行焊接，原因是生产率高。对初学者，电流太小时容易产生夹渣、未熔合、未焊透等缺陷。但电流太大时，又容易产生下塌、咬边、热影响区宽且晶粒粗大、接头力学性能降低、焊接应力及变形大等问题。因此，正确选择焊接电流十分重要。原则上，必须将焊接电流控制在焊接工艺规范允许的范围内，但建议取上限电流值进行焊接。对采用酸性焊条、焊缝为受力不大的连续焊缝且工艺上对焊接电流没有严格要求时，可以采取大电流操作。所谓“大电流”是指相对于某一焊条直径的参考电流要大 20%~30% 的电流。例如对于 ϕ3.2mm 焊条、参考电流 90~100A，大电流操作时，电流应取 110~130A。

2. 分清铁液和熔渣才算入门

作为焊工，对自己所焊的每道焊缝情况应比较清楚，同时还要能够对熔池进行有效的控制。要达到这种要求，首先必须能够分清铁液和熔渣。

（1）操作上进行区分　选一个适合自己视力的面罩。由于焊接时，一般是右焊法，焊条对熔池有一定的遮挡，所以有时对熔池的观察不清楚，这时可迅速将电弧拉长、照亮熔池，同时吹开熔渣，看清熔池后，迅速压低电弧进行正常焊接。这个过程非常短，约 1s 的时间。

（2）颜色上进行区分　铁液的颜色呈亮黄色，熔渣的颜色呈暗红色。

（3）形态上进行区分　熔渣在熔池表面，且在高温和电弧吹力作用下不断沸腾、冒泡，而铁液由于密度较大，从焊条过渡到熔池中时，基本不会沸腾。

3. 试件及现场清理

将焊好的试件用敲渣锤除去药皮渣壳，再用钢丝刷反复拉刷焊道，除去焊缝表面及附近的细小飞溅和灰尘。注意不得破坏试件原始表面，不得用水冷却。操作结束后，整理工具及设备，关闭电源，上交剩余焊条，清理场地，将电缆线盘好，做到安全文明生产，并填写交班记录。

四、任务评价和总结

根据角焊缝评分表（表 3-8）按照附录相应评分标准对试件进行质量检查。由学生自检、学生之间互检、指导教师检查（专检）。

表 3-8 角焊缝评分表（船形焊）

操作者：　　　　　　　　　　　　　　操作日期：　　年　　月　　日

考核项目	分值	自检评分	互检评分	专检评分	备注
裂纹	10 分				
表面单个气孔	2 分				
弧坑未焊满	10 分				
未熔合	15 分				
咬边	10 分				
焊缝凸度	5 分				
焊缝高低差	3 分				
表面成形	10 分				
夹渣	10 分				
角变形	5 分				
角焊缝不对称	5 分				
角焊缝厚度不足	5 分				
安全文明	10 分				
合计	100 分				

注：评分表可复印使用。

学习过程记录卡

班级		学习开始时间	年　月　日
姓名		学习完成时间	年　月　日
学习笔记			
学习心得			
学习总结			

任务 3.5　插入式管板垂直固定俯位焊

一、任务布置

1. 工作任务描述

1）掌握插入式管板垂直固定俯位焊操作要领。

2）制定装焊方案。

3）选择焊接参数。

4）按焊接安全、清洁、环境和焊接工艺要求完成焊接操作，制作合格的工件。

5）对工件进行质量检测。

2. 施工图

插入式管板垂直固定俯位焊施工图如图 3-23 所示。

3. 任务解析

插入式管板的焊缝是一种特殊形式的角接接头，钢管外径与钢板孔内径相同，钢管插入钢板上的孔内，钢管不开坡口。插入式管板垂直固定俯位焊类似于 T 形接头平角焊，无需焊透，其操作要领与 T 形接头平角焊基本相同。管板焊缝位于管子的圆周，焊接时需要不断地转动手臂和手腕的位置，才能有效地控制咬边和焊脚不对称等缺陷的产生，所以具有一定的操作难度。焊接一圈完成后，要特别注意收弧的方法。根据试件厚度和坡口角度、焊脚尺寸为 8mm，采用多层多道焊，分别为打底层（1 道）和盖面层（2 道）两层。

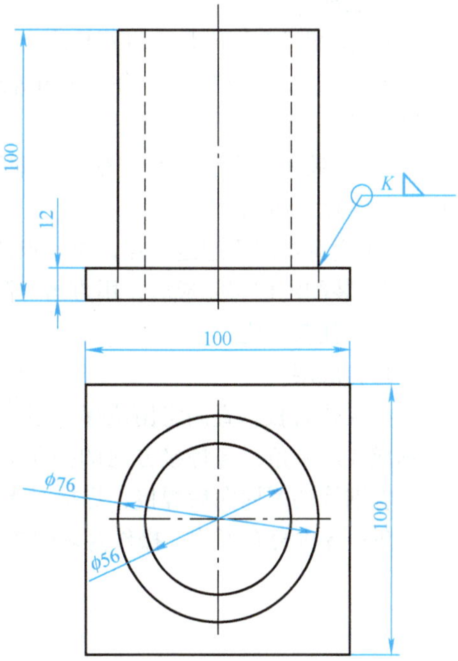

技术要求

1. 材料：Q235A。
2. K=8±1，焊缝截面为等腰直角三角形。

图 3-23　插入式管板垂直固定俯位焊施工图

微课：插入式管板垂直固定俯位焊

二、任务准备

1. 电焊机及辅助工具

辅助工具增加直角尺，其他同任务 3.1。

2. 焊接参数制定

插入式管板垂直固定俯位焊焊接参数见表 3-9。

表 3-9　插入式管板垂直固定俯位焊焊接参数

焊道分布	焊条型号	焊接层次	焊条直径 /mm	焊接电流 /A	电源极性
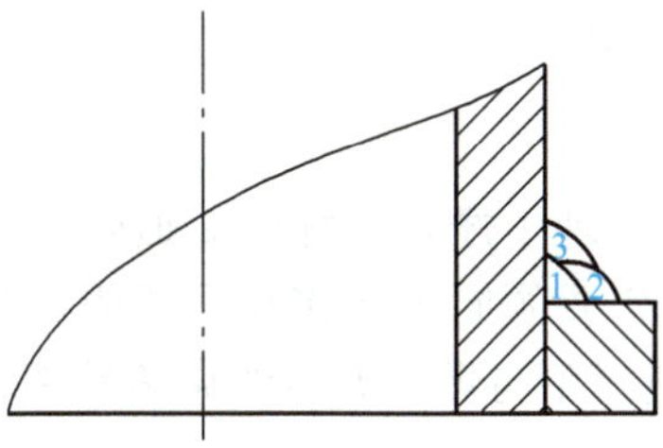	E5015（J507）（经 350~400℃烘干，保温 1~2h，随取随用）	打底（第 1 道）	3.2	90 ~ 110	直流反接
		盖面（第 2、3 道）	3.2	90 ~ 110	

3. 备料

准备厚度为12mm的Q235A钢板，下料尺寸为100mm×100mm；钢管尺寸为ϕ76mm×10mm×100mm。采用半自动火焰切割或数控火焰切割对钢板进行下料，钻床钻ϕ56mm孔。用锯床切割钢管，切割（或机加）边缘表面粗糙度为Ra50~12.5μm。

4. 装配

1）按图样对试件尺寸进行检查。

2）对试件进行打磨，确保在角焊缝两侧20mm范围内无水、油、锈等杂质，直至露出金属光泽。

3）在装配平台上进行装配，将钢管插入底板通孔，使管口与底板的底面对齐，钢管的中心与底板的通孔同心。

4）定位焊点不超过三点，每一点的焊缝长度不超过10mm。

5）装配定位焊完成后，用直角尺测量管与板的垂直度，调整后的偏差应小于2°。

三、任务实施

1. 打底层

插入式管板垂直固定俯位焊采用连弧焊打底，操作时电弧一定要短，焊条与钢管和底板分别成45°夹角，与焊接方向的夹角为60°～70°，如图3-24所示。引燃电弧后，焊条匀速地沿着钢管的圆周向后焊接，焊接时焊条角度应随焊接位置的变化而变化，焊接速度不宜太快，防止焊肉分布不均。操作要领同T形接头平角焊。

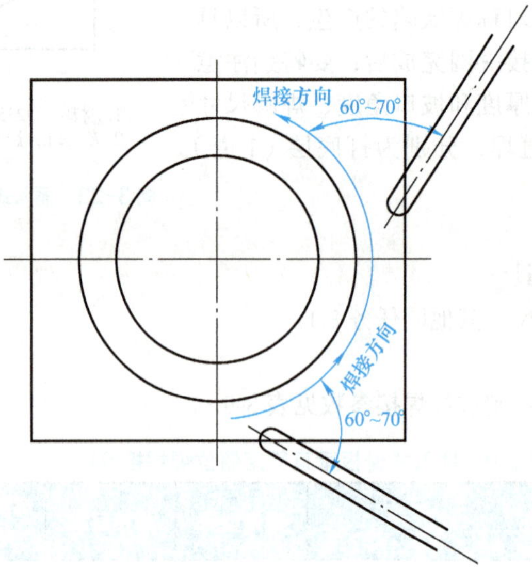

图3-24 打底层焊接位置及焊条角度

2. 盖面层

盖面层施焊前，先将打底层即第1道焊缝的焊渣清理干净。先焊第2道焊道，再焊第3道焊道。盖面层焊接焊条角度如图3-25所示，操作要领同T形接头平角焊。盖面层焊接时，依然根据实际位置不断地转动手臂和手腕，使焊条与焊接方向的夹角始终保持为65°~80°。

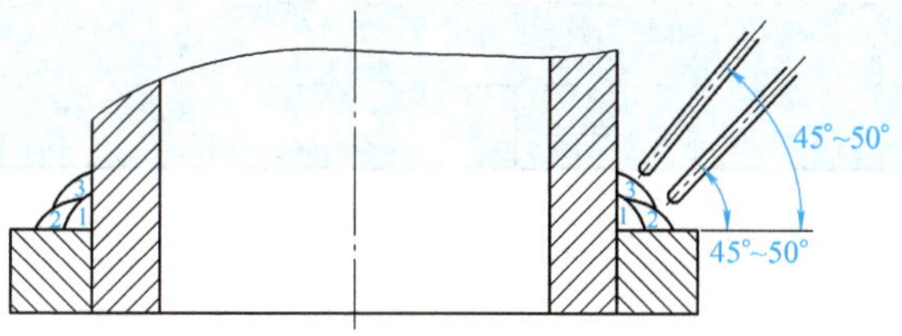

图 3-25 盖面层焊接焊条角度

盖面层焊接完成后，将试板表面的焊渣、飞溅等清理干净。

关键技术点拨

插入式管板垂直固定俯位焊在操作时的关键点是：操作者在焊接时一定要利用手腕和手臂的动作，使焊条沿管子圆周移动，并控制焊条角度。

3. 试件及现场清理

将焊好的试件用敲渣锤除去药皮渣壳，再用钢丝刷反复拉刷焊道，除去焊缝表面及附近的细小飞溅和灰尘。注意不得破坏试件原始表面，不得用水冷却。操作结束后，整理工具及设备关闭电源，上交剩余焊条，清理场地，将电缆线盘好，做到安全文明生产，并填写交班记录。

四、任务评价和总结

根据角焊缝评分表（表 3-10）按照附录相应评分标准对试件进行质量检查，由学生自检、学生之间互检、指导教师检查（专检）。

表 3-10 角焊缝评分表（插入式管板垂直固定俯位焊）

操作者：　　　　　　　　　　　　　　　　　　操作日期：　　年　　月　　日

考核项目	分值	自检评分	互检评分	专检评分	备注
裂纹	10 分				
表面单个气孔	2 分				
弧坑未焊满	10 分				
未熔合	15 分				
咬边	10 分				
焊缝凸度	5 分				
焊缝高低差	3 分				
表面成形	10 分				
夹渣	10 分				
角变形	5 分				
角焊缝不对称	5 分				
角焊缝厚度不足	5 分				
安全文明	10 分				
合计	100 分				

注：评分表可复印使用。

学习过程记录卡

<table>
<tr><td>班级</td><td></td><td>学习开始时间</td><td>年　　月　　日</td></tr>
<tr><td>姓名</td><td></td><td>学习完成时间</td><td>年　　月　　日</td></tr>
<tr><td>学习笔记</td><td colspan="3"></td></tr>
<tr><td>学习心得</td><td colspan="3"></td></tr>
<tr><td>学习总结</td><td colspan="3"></td></tr>
</table>

安全小贴士——防火、防爆、防毒的安全措施

1）在焊接场所周围10m范围内不允许有易燃、易爆物品，焊接场所内的空气中不允许有可燃气体、液体燃料的蒸气及爆炸性粉尘等。

2）一般情况下，禁止焊接有压力（液体压力、气体压力）及带电的设备。

3）对于有残存油脂或可燃液体、可燃气体的容器，焊接前应先用蒸汽和热碱水冲洗，并打开密封口，确定容器确实清洗干净并干燥后方可进行焊接。密封容器内不准进行焊接作业。

4）焊接场所内必须注意通风，特别是在锅炉或容器内焊接作业时，应有监护人员，且必须采取良好的通风措施，及时将烟尘和有害气体排出。

榜样的故事

“我行，我能行”——“独手焊侠卢仁峰”（卢仁峰，男，1964年生，中共党员，汉族，2008年第九届中华技能大奖获得者）

“16岁的时候，我就参加了工作，每每看到我的前辈们在工作中取得的成绩时，那种成功价值的体现，让我羡慕不已。一下子就让我喜欢上了焊工。我深知自己的文化水平低，如果再不钻研技术，一辈子就一事无成了。我不想这样渡过我的人生之路，我也渴望着成功，我也想让耀眼的光芒照射到我的头顶。为此，我给自己进行人生定位，就一个坐标，定位点拿准以后，就按着这个目标去做，风雨无阻地坚持着。”这是卢仁峰这位“独手焊侠”从事焊接工作的一个“初衷”。为了这个目标，为了这个喜欢，为了这个坚守，他付出了血的代价。

人生都有转折点。1986年的金秋，新婚在即的卢仁峰为了完成某一项科研攻关项目，冒着风险做试验，不幸将左手致残。当时大多数人认为，他不会再从事这个职业了。而此时的他也陷入了深深的痛苦抉择中：一个失去手的人还能再干吗？还能干好吗？在理想与现实的交战中，他一次次扪心自问后，还是觉得自己离不开那个他所热爱的岗位。那个人生的目标支撑着他，并告诉他：坚守！再坚守！面对着突如其来的打击，卢仁峰没有趴下，妻子的不离不弃、父母的鼓励、组织的关爱，给了他莫大的精神安慰和动力。他拒绝了组织的照顾——当一名保管员，周围的工友们用不解与怀疑的眼光审视着他，“你还可以吗？”……倔强的卢仁峰再一次拿起他心爱的焊枪，重返了他所挚爱的焊接岗位。

回忆起那时，卢仁峰说，他记得说过的最多的一句话就是：“我行！我能行！”尽管他如此自信，可别人一次能完成的活儿，他却要两次、三次甚至无数次才能干完。可他愣是不服气，给自己定下了每天要练习焊完50根焊条的底线，常常练到一蹲就是数小时，厂房里空无一人，一连几个月吃住在车间……正是凭着这股拼劲儿，让卢仁峰最终练就了一身绝活儿，跨越了一道又一道的焊接技术难题。为此，他的家人在他的影响下，有8人干起了电焊工。

复习与训练

一、简答题

1. 对接接头和角接接头检测项目有哪些？
2. 如何控制平对接双面焊焊接变形？
3. 平对接双面焊清根的作用是什么？
4. 对于多层多道焊的 T 形接头平角焊，如何控制角变形？

二、实作训练

1. 根据制定的焊接参数，进行钢板平对接单面焊双面成形实作，并进行自检、互检。
2. 根据制定的焊接参数，进行钢板平对接双面焊实作，并进行自检、互检。
3. 根据制定的焊接参数，进行钢板 T 形接头平角焊实作，并进行自检、互检。
4. 根据制定的焊接参数，进行钢板 T 形接头船形焊实作，并进行自检、互检。
5. 根据制定的焊接参数，进行插入式管板垂直固定俯位焊实作，并进行自检、互检。

项目四
焊条电弧焊横焊技能

项目导入

在钢结构行业、机械制造、电力施工、锅炉压力容器等生产中常会遇到横焊位置的焊接操作，因为横焊操作难度较大，它是对焊工操作技术水平的考核项目之一，同时也是保证锅炉、压力容器及管道焊接质量的一个重要环节。横焊最能反映焊工的操作技术水平，因此对每名焊工来说，横焊位置是应该掌握的，是走向技术成熟、向深层次发展的基础。

学习目标

1. 掌握板对接横焊单面焊双面成形的基本操作技能。
2. 掌握骑座式管板垂直固定俯位焊单面焊双面成形的基本操作技能。
3. 掌握管对接垂直固定单面焊双面成形的基本操作技能。

项目实施

本项目共分为横对接单面焊双面成形、骑座式管板垂直固定俯位焊单面焊双面成形、管对接垂直固定单面焊双面成形三个任务单元，目的是通过不断实践，掌握焊条电弧焊横焊位置的最基本的操作。

任务 4.1　板对接横焊

微课：板对接横焊单面焊双面成形

一、任务布置

1. 工作任务描述

1）掌握板对接横焊单面焊双面成形操作要领。

2）制定装焊方案。

3）选择焊接参数。

4）按焊接安全、清洁、环境和焊接工艺要求完成焊接操作，制作合格的工件。

5）对工件进行质量检测。

2. 施工图

板对接横焊施工图如图 4-1 所示。

3. 任务解析

板对接横焊单面焊双面成形，是焊工必须掌握的操作技术。作为施焊位置的特殊性（横焊位置），熔滴和熔池金属在重力作用下容易下淌，施焊工艺、操作技巧与平板对接单面焊均有较大的差异。

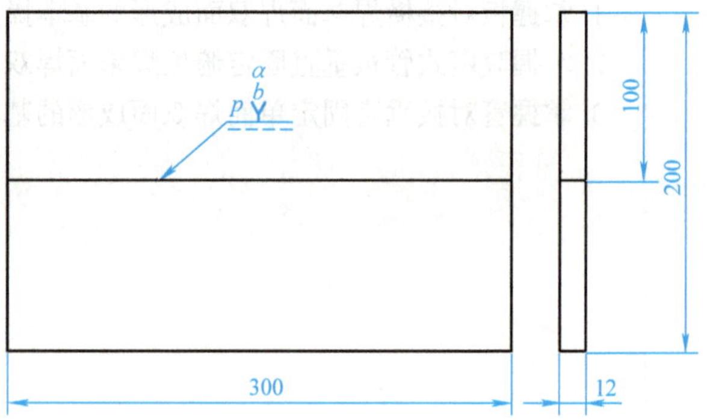

技术要求

1.试件材料：Q235A。
2.焊后变形量小于3°。
3.焊缝根部间隙b=3.2～4，
钝边 p=0.5～1，坡口角度α=60°± 2°。

图 4-1　板对接横焊施工图

二、任务准备

1. 电焊机及辅助工具

同任务 3.1。

2. 焊接参数制定

板对接横焊单面焊双面成形焊接参数见表 4-1。

3. 备料

同任务 3.1。

4. 装配

同任务 3.1（横焊多层多道焊，反变形量比平焊时稍大，反变形量为 5°~6°）。

表 4-1　板对接横焊单面焊双面成形焊接参数

焊道分布	焊条型号	焊接层次		焊条直径/mm	焊接电流/A	电源极性
	E5015	打底（第 1 道）	连弧法	3.2	85~90	直流反接
			灭弧法	3.2	100~130	
		填充（第 2、3 道）		4.0	160~175	
				3.2	100~130	
		盖面（第 4~6 道）		4.0	140~150	
				3.2	110~120	

注：装配时焊接电流为 110~120A（焊条直径为 ϕ3.2mm）。

三、任务实施

1. 打底层

（1）基本操作

1）将装配好的试件横向夹持固定在工艺装备上（距离地面高度约 600mm），将试件间隙窄的一端放在操作者左侧，从试件间隙窄的一端引弧。采用连弧法或灭弧法打底，焊条与下试件夹角为 70°~80°，如图 4-2 所示。接头可采用冷接法或热接法。

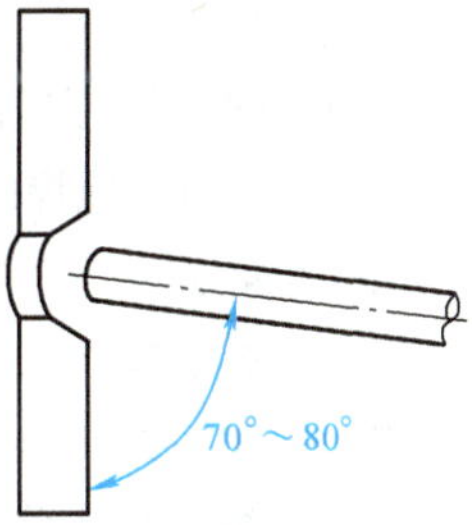

图 4-2　打底层焊接焊条角度

2）灭弧法打底时，在定位焊点前端引弧，随后将电弧拉到定位焊点的尾部预热，当坡口钝边即将熔化时，将熔滴送至坡口根部，并垂直压送焊条，使定位焊缝和坡口钝边熔合成第一个熔池。当听到背面有电弧击穿声时立即灭弧，这时就形成明显的熔孔。随后按先上坡口、后下坡口的顺序依次往复实施击穿灭弧法。焊条在上侧坡口的停顿时间稍长于下侧坡口，熔孔熔入坡口上侧的尺寸略大于下坡口。

3）连弧法打底时，先在施焊部位的上侧坡口面引弧，待根部钝边熔化后再将电弧带到下部钝边，形成第一个熔池后再打孔焊接，并立即采用斜圆圈形运条法运条。

（2）技能技巧

1）灭弧法打底时，在上侧坡口引弧，向下侧运条，然后将电弧沿坡口侧后方熄弧，节奏稍慢（25~30 次 /min），熔孔尺寸为 0.8~1mm。焊条向后下方动作要快速、干净利落。从灭弧转入引弧时，焊条要接近熔池，待熔池温度下降、颜色由亮变暗时，迅速而准确地在原熔池上引弧焊接片刻，再马上灭弧。如此反复引弧—焊接—灭弧—引弧。

操作技能：
横对接打底

2）连弧法打底时，因上坡口面受热条件好于下坡口面，故操作时电弧要照顾下坡口面的熔化，从上坡口到下坡口运条速度略慢，以保证填充金属与试件熔合良好（与下坡口）；从下坡口到上坡口，运条速度略快，以防止铁液下淌。焊接过程中始终保持短弧焊接，将熔化的金属送到坡口根部，同时，电弧弧柱的 1/3 应保持在背面燃烧。要严格采用短弧，熔孔熔入坡口上侧的尺寸略大于下坡口，否则容易在坡口下侧形成焊瘤。

3）更换焊条熄弧（或者收弧）时，熄弧位置应在坡口的内侧面，如图 4-3 所示，避免出现熄弧缩孔和弧坑裂纹（结晶裂纹）。

4）焊缝正面（坡口内）的焊缝厚度控制为 3~4mm，焊缝背面余高不大于 3mm。

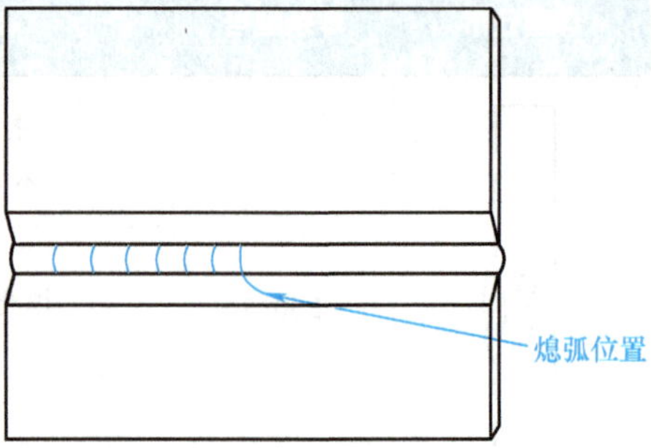

图 4-3 熄弧位置

2. 填充层

（1）基本操作 采用多道焊（下焊道 2 和上焊道 3），直线形运条，也可采用斜圆圈形运条，焊条与焊接方向夹角为 70° 左右，与下试件夹角可根据坡口上、下侧与打底焊道间夹角处熔化情况调整，焊条与熔池始终保持 3~4mm。先焊下焊道、再焊上焊道。在焊接下焊道时使坡口下侧与打底焊道的夹角处熔合良好。焊接上焊道时，使坡口上侧与打底焊道的夹角处熔合良好，防止未熔合和夹渣，同时上焊道要盖住下焊道 1/2~2/3，使焊缝表面平整。焊接顺序和焊条角度如图 4-4 所示。

操作技能：
横对接填充

（2）技能技巧

1）填充层在施焊前必须将打底层焊缝表面的凸处焊点打磨平整，并将焊缝表面的焊渣、飞溅清理干净。

2）填充层焊完后应预留深度 1~1.5mm。在施焊过程中绝不允许破坏表面坡口棱边形状，以免造成盖面层施焊时无基准。

3. 盖面层

（1）基本操作 采用多道焊，按下焊道 4—中焊道 5—上焊道 6 的顺序焊接，焊条与焊接方向成 70°~95°，与下试件夹角根据不同焊道及焊道间夹角处熔化情况进行调整，如图 4-5 所示，其余操作与填充层类似。

操作技能：
横对接盖面

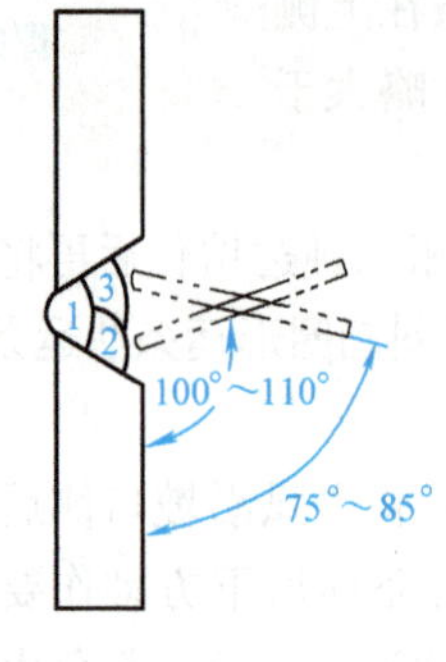

图 4-4 填充层焊接顺序和焊条角度

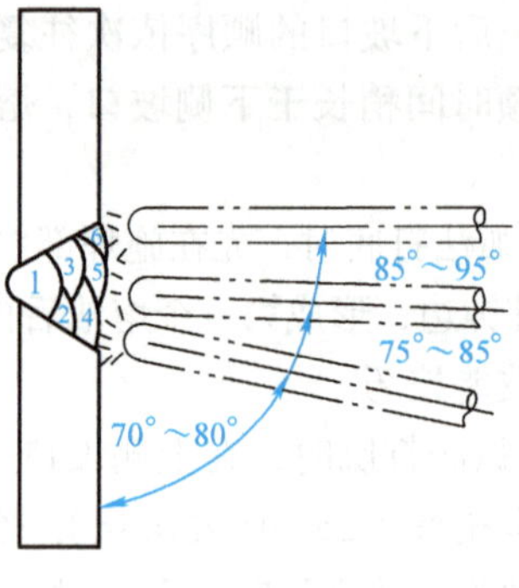

图 4-5 盖面层焊接焊条角度

（2）技能技巧

1）上、下焊道在施焊时，运条应稍快些，焊道尽可能细、薄一些，这样有利于盖面焊缝与母材圆滑过渡。盖面焊缝的实际宽度以上、下坡口边缘各熔化 1.5~2mm 为宜。

2）最后一道（第 6 道）施焊时，若试件温度过高，可将试件放置一段时间，使试件温度下降后再施焊。焊接电流比正常焊接时小 10%~20%，直线运条、速度稍快，防止咬边。

3）在收尾焊接时，试件温度较高，容易出现弧坑未焊满、坡口烧损、增宽严重及焊瘤。为保证弧坑饱满，在焊接时必须控制收弧处的温度，运用灭弧法进行收弧。

关键技术点拨

1. 横焊灭弧勾

横焊灭弧勾，即横焊时焊条在坡口根部上侧引弧，熔化上钝边后斜拉至坡口根部下侧，待下钝边熔化形成完整熔池后回勾灭弧，此运条过程即为回勾，如此反复，直至完成整条焊缝的焊接。

2. 横焊的左焊法

横焊操作时，由于熔融金属的重力作用，熔滴在向焊件过渡时容易偏离焊条轴线而向下偏斜，为避免熔池金属下溢过多，操作中焊条除保持一定的下倾角外，还可采用左焊法，即从右边向左边焊接。焊条前倾角大于后倾角，使电弧热量转移向前边未焊焊道（同时预热前边未焊焊道，提高焊接速度和效率），以减小输入熔池的电弧热量，加快熔池冷却，避免熔池存在时间过长导致熔滴下淌，形成焊瘤等缺陷。

4. 试件及现场清理

将焊好的试件用敲渣锤除去药皮渣壳，再用钢丝刷反复拉刷焊道，除去焊缝表面及附近细小飞溅和灰尘。注意不得破坏试件原始表面，不得用水冷却。操作结束后，整理工具及设备，关闭电源、清理场地，将电缆线盘好，做到安全文明生产，并填写交班记录。

四、任务评价和总结

根据板对接评分表（表 4-2）按照附录相应评分标准对试件进行质量检查。由学生自检、学生之间互检、指导教师检查（专检）。

表 4-2　板对接评分表（横焊）

操作者：　　　　　　　　　　　　　　　　　操作日期：　　年　　月　　日

考核项目	分值	自检评分	互检评分	专检评分	备注
表面裂纹	5 分				
表面单个气孔（正 / 背）	2 分				
弧坑未焊满	5 分				
未熔合	10 分				
咬边	8 分				
焊缝余高（正 / 背）	6 分				
焊缝高低差	5 分				
表面成形	5 分				
夹渣	8 分				
焊瘤	5 分				
焊穿	8 分				
角变形	5 分				
错边	5 分				
未焊透	8 分				
焊缝单侧增宽	5 分				
安全文明	10 分				
合计	100 分				

注：评分表可复印使用。

学习过程记录卡

班级		学习开始时间	年 月 日
姓名		学习完成时间	年 月 日
学习笔记			
学习心得			
学习总结			

任务 4.2 骑座式管板垂直固定俯位焊

一、任务布置

1. 工作任务描述

1）掌握骑座式管板垂直固定俯位焊单面焊双面成形操作要领。

2）制定装焊方案。

3）选择焊接参数。

4）按焊接安全、清洁、环境和焊接工艺要求完成焊接操作，制作合格的工件。

5）对工件进行质量检测。

2. 施工图

骑座式管板垂直固定俯位焊施工图如图 4-6 所示。

微课：
骑座式管板垂直
俯位焊

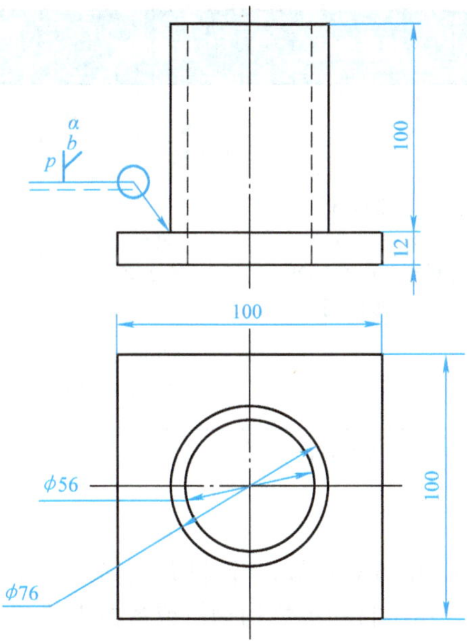

技术要求

1.试件材料：Q235A。
2.焊脚8，截面为等腰
直角三角形。
3.焊缝根部间隙b=3.2～4，
钝边 p=0.5～1，
坡口角度α=50°± 2°。

图 4-6 骑座式管板垂直固定俯位焊施工图

3. 任务解析

管板接头是锅炉压力容器结构的基本形式之一。根据接头形式不同，可分为插入式管板和骑座式管板两类。根据空间位置的不同，每类管板又主要分为垂直固定俯位焊、垂直固定仰焊和水平固定全位置焊（见任务 7.2）三种。

插入式管板（见任务 3.5）只需保证焊脚对称、表面无缺陷，较容易焊接。骑座式管板焊接除保证焊缝外观质量外，还要保证焊缝背面成形（通常采用多层多道焊，用打底焊保证焊缝背面成形），其余焊道保证焊脚尺寸和焊缝外观。与任务 3.5 相同，管板焊缝位于管子的圆周，焊接时需要不断地转动手臂和手腕的位置，才能有效地控制咬边和焊脚不对称等缺陷的产生。

根据试件厚度和坡口角度，焊脚尺寸为 8mm，采用多层多道焊，分别为打底层（1 道）、填充层（2 道）和盖面层（3 道和 4 道）三层。

二、任务准备

1. 电焊机及辅助工具

检测工具增加检测用通球，其余同任务 3.1。

2. 焊接参数制定

骑座式管板垂直固定俯位焊单面焊双面成形焊接参数见表 4-3。

表 4-3　骑座式管板垂直固定俯位焊单面焊双面成形焊接参数

<table>
<tr><th>焊道分布</th><th>焊条型号</th><th colspan="2">焊接层次</th><th>焊条直径/mm</th><th>焊接电流/A</th><th>电源极性</th></tr>
<tr><td rowspan="6">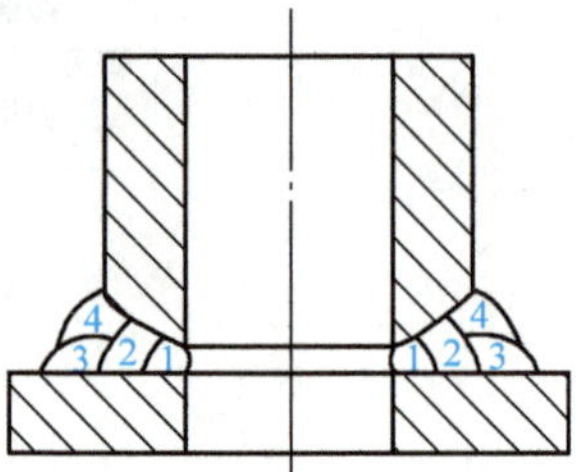</td><td rowspan="6">E5015
（经 350~400℃烘干，保温 1~2h，随取随用）</td><td rowspan="2">打底
（第 1 道）</td><td>连弧法</td><td>3.2</td><td>80~90</td><td rowspan="6">直流反接</td></tr>
<tr><td>灭弧法</td><td>3.2</td><td>110~120</td></tr>
<tr><td colspan="2" rowspan="2">填充
（第 2 道）</td><td>4.0</td><td>160~175</td></tr>
<tr><td>3.2</td><td>120~130</td></tr>
<tr><td colspan="2" rowspan="2">盖面
（第 3 道和第 4 道）</td><td>4.0</td><td>140~150</td></tr>
<tr><td>3.2</td><td>110~120</td></tr>
</table>

注：装配时焊接电流为 110~120A（焊条直径为 ϕ3.2mm）。

3. 备料

准备厚度为 12mm 的 Q235A 钢板，下料尺寸为 100mm × 100mm；钢管尺寸为 ϕ76mm × 10mm × 100mm。用半自动火焰切割机或数控火焰切割机对钢板进行下料，钻床钻 ϕ56mm 孔。用锯床锯削钢管，并用车床进行坡口制备。切割（或机加工）边缘表面粗糙度为 *Ra*12.5~50μm。可用角向磨光机打磨 0.5~1mm 钝边。

4. 装配

1）按图样对试件尺寸进行检查。

2）对试件坡口进行修磨，确保在坡口两侧 20mm 范围内无水、油、锈等杂质，直至露出金属光泽。

3）在装配平台上装配两块试样，用 ϕ3.2mm 焊条的焊芯支撑出 3~4mm 间隙，并调整钢管内壁与板孔同轴度，无错边。

4）定位焊缝可采用三点点固（图 4-7），每一点的定位焊缝长度不超过 10mm。装配定位焊后的钢管内壁与板孔应保证同心、无错边，试件装配定位焊所用的焊条应与正式焊接时的焊条相同。

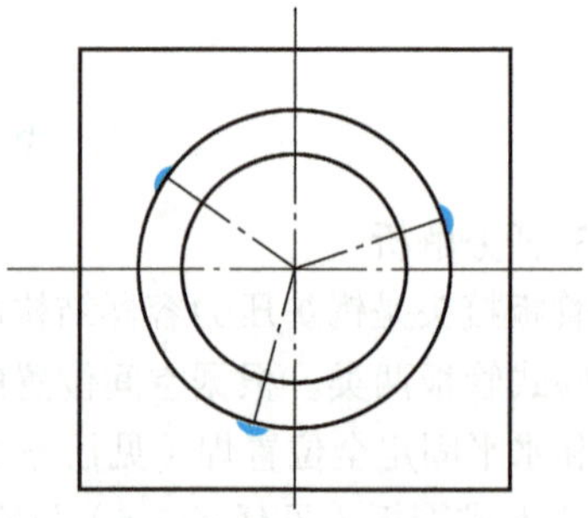

图 4-7　定位焊缝位置

三、任务实施

1. 打底层

（1）基本操作　打底层焊接时，可采用连弧法或灭弧法。

1）连弧法。在任一定位焊缝的左侧引弧，稍微预热后焊条向右移动，当电弧到达该定位焊缝右侧时，向坡口根部压送焊条，形成熔孔，保持短弧，开始锯齿形小幅度摆动，电弧在坡口两侧稍停留。施焊时，焊条与钢板之间的夹角为25°~30°，焊条与钢管切线方向的夹角为60°~70°，如图4-8所示。在施焊过程中应根据实际位置，不断地转动手臂和手腕，控制好弧长并保持好焊条与试件之间的相对位置，匀速运动。打底焊应保证根部焊透，防止烧穿和产生焊瘤。

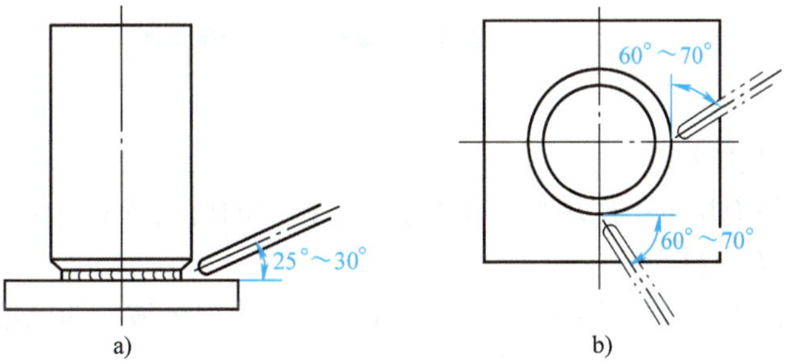

操作技能：
管板骑座式
俯位焊打底

图4-8　打底层焊接焊条角度

焊条快熔化完时，电弧回焊并熄弧，使气体彻底逸出并使弧坑处形成斜坡。接头时，可采用热接法或冷接法。在焊封闭焊缝接头时，先将接缝端部打磨成缓坡形，待焊到缓坡前沿时，焊条伸向弧坑内，稍作停顿，然后向前施焊并超过缓坡，与焊缝重叠约10mm，填满弧坑后灭弧。

2）灭弧法。引燃电弧，上下锯齿形摆动3~4个往返后，待试件达到一定温度时熄灭电弧。这时熔池温度下降，待熔池颜色比焊接时的熔池颜色稍暗，即可将焊条触击到熔池最红的位置，引燃电弧。自上（管壁侧）而下（管板侧）做锯齿形摆动后熄灭电弧，如此反复操作，电弧在管壁侧停留时间较长、管板侧停留时间较短，通过肉眼观察坡口两侧熔化1~1.5mm最佳。接头时，将收弧处修磨为斜U形。再次起焊时，在斜U形接头的前面引燃电弧并略微摆动，将斜U形的修磨区填满，焊至熔孔位置时迅速压低电弧，将其顶至焊缝根部，借助电弧吹力将填充金属向坡口根部填溢，停留1~2s，电弧恢复正常高度开始正常焊接。

（2）技能技巧

1）施焊时电弧要短，焊接速度不宜太快，电弧可在坡口根部稍作停留。

2）焊接电弧的1/3保持在熔孔处，2/3覆盖在熔孔上，熔孔尺寸基本保持一致，避免焊根处产生未熔合、未焊透，背面焊缝太高或产生烧穿或焊瘤。

2. 填充层

（1）基本操作　在焊填充层前，先将打底层熔渣、飞溅清理干净，并将焊道局部凸起处磨平。电弧引燃后保持短弧，锯齿形小幅度摆动，电弧在坡口两侧稍停留。施焊时，焊条与钢板之间的夹角为45°~50°，焊条与钢管切线方向的夹角为80°~85°，如图4-9所示。

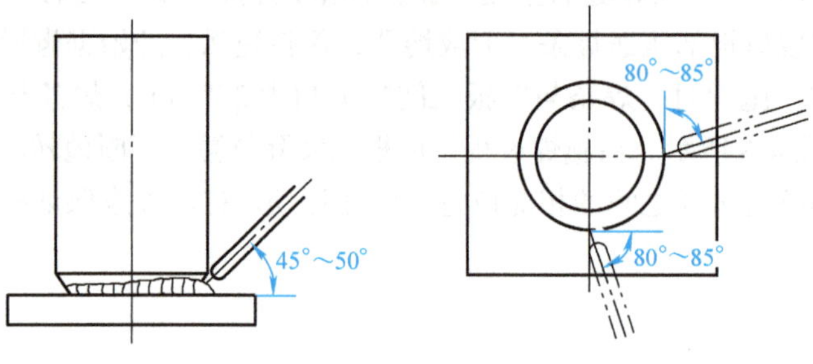

图4-9 填充层焊接焊条角度

（2）技能技巧

1）填充层可一层填满，注意上、下两侧的熔化情况，保证温度均衡，使板管坡口处熔合良好。

2）填充层焊缝要平整，不能凸出过高、不能过宽，保证坡口两侧熔合良好，以便为盖面层的施焊打好基础。

3. 盖面层

（1）基本操作 在焊盖面层前，先将填充层焊渣、飞溅清理干净，并将焊道局部凸起处磨平。盖面层分上下两道焊缝，在焊接时要保证熔合良好，掌握好两道焊道的位置，盖面层焊接焊条角度如图4-10所示。用斜圆圈法运条，避免形成凹槽或凸起，上焊道（第4道焊缝）应覆盖下焊道（第3道焊缝）上面的1/2或2/3。盖面层焊缝必须保证钢管不咬边和焊脚对称。

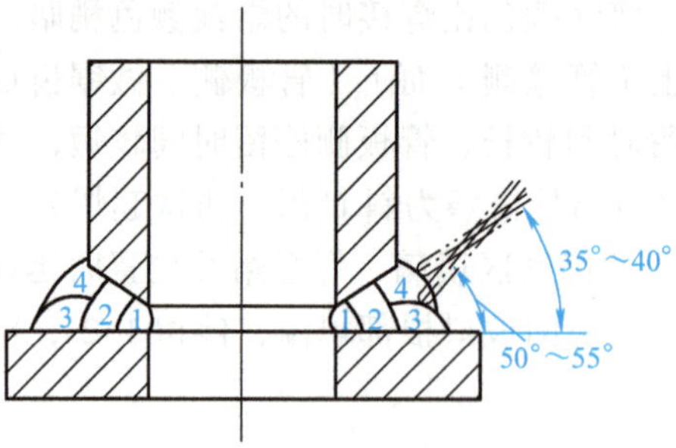

图4-10 盖面层焊接焊条角度

（2）技能技巧 焊接盖面层下焊道（第3道焊缝）时，运条对准填充层焊缝与试件的熔合线；上焊道（第4道焊缝）施焊时，运条对准第3道焊缝上熔合线，电流较正常焊接电流小10%~20%。

关键技术点拨——“热接法”和“冷接法”

打底时，焊缝中间的接头尽量采用热接法。更换焊条前，电弧回焊并熄弧，使气体彻底逸出并使弧坑处形成斜坡。热接时，换焊条要快，在熔池还处于红热状态时引燃电弧（面罩观察熔池呈一个亮点）。在弧坑前 10~15mm 处引弧，并拉到弧坑前沿，重新形成熔孔后继续焊接。若采用冷接，应将前面焊缝的尾部用砂轮打磨成斜面后，再衔接并实施后续焊接。

4. 试件及现场清理

将焊好的试件用敲渣锤除去药皮渣壳，再用钢丝刷反复拉刷焊道，除去焊缝表面及附近的细小飞溅和灰尘。注意不得破坏试件原始表面，不得用水冷却。操作结束后，整理工具及设备，关闭电源、清理场地，将电缆线盘好，做到安全文明生产，并填写交班记录。

四、任务评价和总结

根据骑座式管板焊缝评分表（表 4-4）按照附录相应评分标准对试件进行质量检查。由学生自检、学生之间互检、指导教师检查（专检）。

表 4-4　骑座式管板焊缝评分表（垂直固定俯位焊）

操作者：　　　　　　　　　　　　　　　　操作日期：　　年　　月　　日

考核项目	分值	自检评分	互检评分	专检评分	备注
裂纹	8 分				
表面单个气孔	4 分				
未熔合	12 分				
未焊透	10 分				
咬边	10 分				
焊缝高低差	5 分				
表面成形	5 分				
焊缝凸度	8 分				
夹渣	8 分				
角焊缝不对称	5 分				
角焊缝厚度不足	5 分				
通球 0.85Di	10 分				
安全文明	10 分				
合计	100 分				

注：评分表可复印使用。

学习过程记录卡

班级		学习开始时间	年　月　日
姓名		学习完成时间	年　月　日
学习笔记			
学习心得			
学习总结			

任务 4.3　管对接垂直固定焊

一、任务布置

1. 工作任务描述

1）掌握管对接垂直固定单面焊双面成形操作要领。

2）制定装焊方案。

3）选择焊接参数。

4）按焊接安全、清洁、环境和焊接工艺要求完成焊接操作，制作合格的工件。

5）对工件进行质量检测。

2. 施工图

管对接垂直固定单面焊双面成形施工图如图 4-11 所示。

微课：
管对接垂直
固定焊

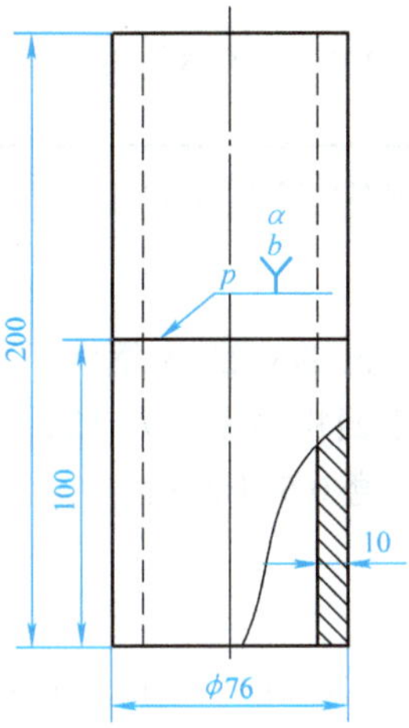

技术要求

1.试件材料:Q235A。

2.焊缝根部间隙b=2.5～3.2,钝边p=0.5～1,坡口角度$\alpha=60^\circ\pm2^\circ$。

图 4-11　管对接垂直固定单面焊双面成形施工图

3. 任务解析

管对接单面焊双面成形常用于压力容器管道的焊接，按位置可以分为管对接垂直固定（任务 4.3）、水平固定（任务 7.1）、45° 倾斜固定（任务 7.4）等，是焊工必须掌握的操作技术。管对接垂直固定单面焊双面成形和板对接横焊单面焊双面成形基本相似，但焊缝处于空间位置，熔滴和熔池金属容易下淌，形成未熔合和焊瘤等缺陷。由于是管件，操作时与板对接横焊有一定区别，要不断调整施焊位置，对初学者来说有一定难度。

当管材壁厚不大于 3.5mm 时，在焊接时仅焊一层（此时打底层即盖面层）；壁厚为 3.5~7mm 时，焊两层（打底层和盖面层）；壁厚大于 7mm 时，焊多层（打底层、填充层、盖面层）。

二、任务准备

1. 电焊机及辅助工具

同任务 4.2。

2. 焊接参数制定

管对接垂直固定单面焊双面成形焊接参数见表 4-5。

表 4-5　管对接垂直固定单面焊双面成形焊接参数

焊道分布	焊条型号	焊接层次		焊条直径/mm	焊接电流/A	电源极性
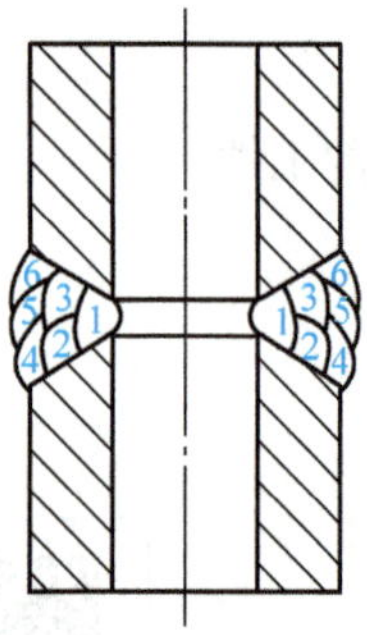	E5015（经 350~400℃烘干，保温 1~2h，随取随用）	打底（第 1 道）	连弧法	3.2	80~90	直流反接
			灭弧法	3.2	115~125	
		填充（第 2、3 道）		3.2	120~130	
		盖面（第 4、5、6 道）		3.2	110~120	

注：装配时焊接电流为 110~120A（焊条直径为 ϕ3.2mm）。

3. 备料

准备厚度为 10mm、直径为 76mm 的 Q235A 钢管，下料长度为 100mm。用锯床进行锯削后，用车床进行坡口加工。边缘表面粗糙度为 *Ra*12.5~25μm。坡口加工完成后，还需要对坡口进行去毛刺。可用角向磨光机打磨 0.5~1mm 钝边。

4. 装配

1）按图样对试件尺寸进行检查。

2）对试件坡口进行修磨，确保在坡口内外两侧 20mm 范围内无水、油、锈等杂质，直至露出金属光泽。

3）装配在角钢制作的胎具上进行，装配间隙调整为 2.5~3.2mm（6 点钟位置为 2.5mm，12 点钟位置为 3.2mm），错边量不大于 0.5mm。

4）用与正式焊接同样的焊条进行定位焊，可采用两点定位，定位焊缝长度为 10mm。管对接垂直固定单面焊双面成形装配要求如图 4-12 所示。

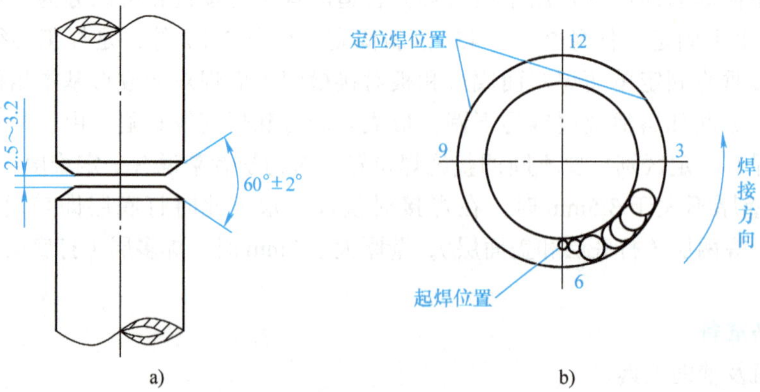

图 4-12　管对接垂直固定单面焊双面成形装配要求

三、任务实施

1. 打底层

（1）基本操作　与板对接横焊基本相似，从坡口间隙最小的地方（6点钟位置）开始焊接，采用灭弧法打底。焊缝为一道环缝，焊接过程中要始终保持焊条角度不变，注意控制熔孔和熔池，在熔池前沿应能看到均匀的熔孔，上坡口根部熔化0.5~1.0mm，下坡口根部略小些；熔池形状保持一致，每次引弧的位置要准确，后一个熔池覆盖前一个熔池的2/3左右。焊道接头采用热接法或冷接法。

（2）技能技巧

1）打底焊起焊时，采用划擦法在管子坡口内引燃电弧，待坡口两侧局部熔化，向根部压送，熔化并击穿根部后，熔滴送至坡口背面，建立起熔池。

2）采用一点击穿打孔断弧焊法，向右施焊。当熔池形成后，焊条向焊接反方向做划挑动作、迅速灭弧；待熔池变暗，在未凝固的熔池边缘重新引弧，在坡口装配间隙处稍作停顿，电弧的1/3在根部打孔，新的熔孔形成后再熄弧。

操作技能：
管对接垂直固定焊打底

3）在熔池前沿应能看到均匀的熔孔，上坡口根部熔化0.5~1mm，下坡口根部略小些；熔池形状保持一致，每次引弧的位置要准确，后一个熔池覆盖前一个熔池的2/3左右。打底层焊接运条方法如图4-13所示。

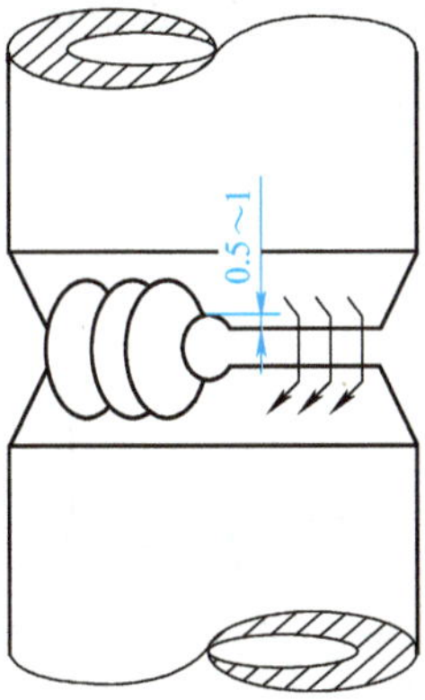

图4-13　打底层焊接运条方法

2. 填充层

（1）基本操作　在焊填充层前，先清理干净打底层焊道上的焊渣，并将焊道局部凸起处磨平。施焊时采用短弧焊，上下两道，先焊下焊道（第2焊道）、再焊上焊道（第3焊道），采用直线或斜圆圈形运条法焊接，注意上、下两侧的熔化情况，保证温度均衡，使坡口面熔合良好。焊道接头采用热接法或冷接法。填充层焊缝要平整，不能凸出过高，为盖面层焊接打好基础。填充层焊接焊条角度如图4-14所示。

操作技能：
管对接垂直固定焊填充

（2）技能技巧

1）下焊道焊接时，电弧对准打底焊道下沿，熔化金属覆盖打底焊道1/2~1/3。

2）上焊道焊接时，适当加快焊接速度或减小焊接电流，调整焊条角度，防止液态金属下淌。

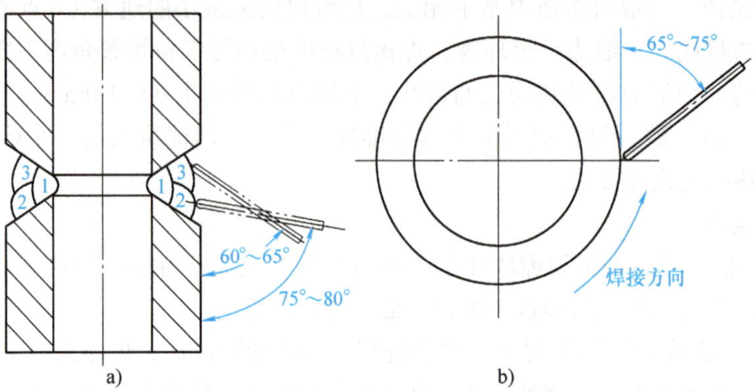

图 4-14　填充层焊接焊条角度

3. 盖面层

（1）基本操作　盖面层施焊前，需清除填充层焊渣、飞溅，并将焊缝接头过高部分打磨平整。盖面层需焊上、中、下焊道。先焊下焊道，最后焊上焊道。盖面层焊接焊条角度如图 4-15 所示。采用直线或斜圆圈形运条法焊接，焊接中要严格控制弧长，注意上、下两侧的熔化情况，保证温度均匀，使管坡口熔合良好。焊道接头采用热接法或冷接法。

操作技能：
管对接垂直固定焊盖面

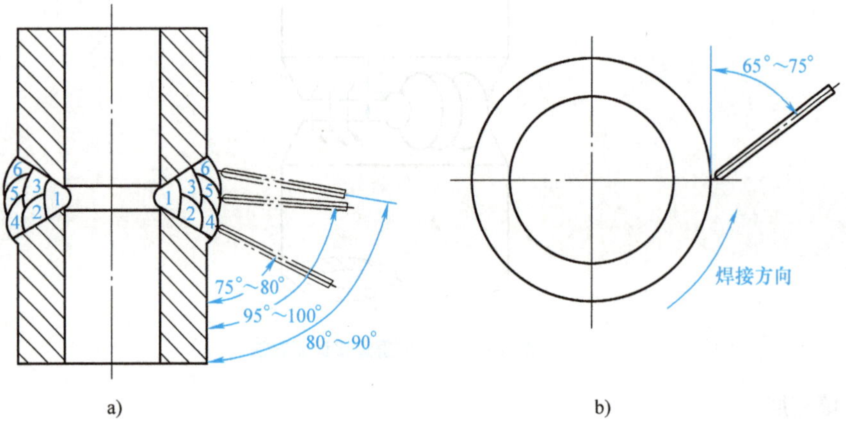

图 4-15　盖面层焊接焊条角度

（2）技能技巧

1）焊下焊道时，电弧对准填充焊道略靠下沿位置，稍摆动，熔化金属覆盖填充焊道的 1/3~1/2；坡口棱边被熔化覆盖 1~2mm。

2）焊中焊道时，熔化金属覆盖下焊道的 1/2。

3）焊上焊道时，适当加快焊接速度或减小焊接电流，调整焊条角度，防止出现咬边和液态金属下淌。

关键技术点拨

管对接垂直固定单面焊双面成形实际是横焊位置，只是焊缝是沿圆周进行焊接的。上下两管的坡口面角度可以有所不同，上管坡口面角度要大些。装配间隙按所用打底焊条直径 $d\pm0.5$mm 选取。定位焊焊点按管直径取 2~4 点，焊接层次按管壁厚度适当选取。

由于焊缝为周向，所以操作过程中人要移动位置，从而适应周向焊缝。因此焊接前将焊件固定在最适合自己的一个高度，同时调整好自己的位置，尽可能地减少移动次数。操作时，全身放松、呼吸自然，同时利用手腕进行操作。打底焊一般采用一点击穿电弧穿透打孔焊接法，即灭弧法，每次引燃电弧的位置要准确，给送熔滴要均匀，断弧要果断，控制好熄弧和再引燃的时间。操作中手臂和手腕转动要灵活，运条速度保持均匀。

4. 试件及现场清理

将焊好的试件用敲渣锤除去药皮渣壳，再用钢丝刷反复拉刷焊道，除去焊缝表面及附近的细小飞溅及灰尘。注意不得破坏试件原始表面，不得用水冷却。操作结束后，整理工具及设备，关闭电源，回收焊条，清理场地，将电缆线盘好，做到安全文明生产，并填写交班记录。

四、任务评价和总结

根据管对接评分表（表 4-6）按照附录相应评分标准对试件进行质量检查。由学生自检、学生之间互检、指导教师检查（专检）。

表 4-6　管对接评分表（垂直固定焊）

操作者：　　　　　　　　　　　　　　操作日期：　　年　　月　　日

考核项目	分值	自检评分	互检评分	专检评分	备注
裂纹	8 分				
表面单个气孔	4 分				
未熔合	12 分				
未焊透	10 分				
咬边	10 分				
焊缝余高（正 / 背）	5 分				
焊缝高低差	4 分				
表面成形	4 分				
夹渣	8 分				
焊穿	10 分				
焊缝单侧增宽	5 分				
通球 0.85Di	10 分				
安全文明	10 分				
合计	100 分				

注：评分表可复印使用。

学习过程记录卡

班级		学习开始时间	年 月 日
姓名		学习完成时间	年 月 日
学习笔记			
学习心得			
学习总结			

安全小贴士

焊接作业前，应进行场地清理，场地内不能有易燃、易爆物品和其他杂物，保持整洁。

焊工在操作时必须穿戴好棉质或皮质工作服、工作帽、焊工绝缘鞋（防砸绝缘鞋），工作服要宽松，裤脚盖住鞋盖（护脚盖），上衣盖住下衣，不要扎在腰带里。并戴平光防护眼镜、防尘卫生口罩，焊工防护手套不要有油污、不可破漏，必要时佩戴耳塞等。选用合适的遮光面罩护目玻璃色号。

榜样的故事

“江南焊王”——刘维新（男，1958年生，中共党员，汉族，江南造船（集团）有限责任公司船舶电焊工，高级技师，第七届中华技能大奖获得者）

刘维新是江南造船（集团）有限责任公司焊接技术带头人，船舶电焊高级技师，全国技术能手。他孜孜不倦地学习和钻研焊接技术，敢于探索、善于总结，知难而进、勇攀高峰。刘维新先后参加了获得国家银质奖的我国第一条科学考察船“远望号”和第一条导弹驱逐舰等30余条军工产品、获得国家金质奖的4000辆汽车运输船、无人机舱集装箱船、著名的六万吨级中国“巴拿马”型散货船、具有体现世界当代造船新科技的高附加值自卸装置船、液化气船、化学品船等数百条船舶的建造，并参加了国家标志性重点钢结构工程，如上海八万人体育场、浦东国际机场、首都国际机场、上海大剧院、东海石油气平台等重点工程的建设。他爱岗敬业、苦心练就电焊绝技，掌握了9种不同金属、32种牌号焊接材料的焊接技术，被誉为“江南焊王”。他先后获得过中国船舶工业总公司劳动模范、上海市劳动模范、上海市首届十大杰出职工、上海市优秀共产党员、上海市优秀技师 、全国劳动模范、全国五一劳动奖章、全国技术能手等称号。

在工作实践中，他针对船上复杂的作业环境创造出反光焊、折光焊、手感焊等操作技术；在液化气船制造中，他摸索出了全进口细晶粒材料施焊诀窍，解决了国内首次焊接这种材料的工艺难题；在军船建造中，他采用快速点焊方法，解决了螺旋桨上不锈钢与青铜特殊异种金属的焊接；他用二氧化碳气体保护焊巧妙地采用不同位置交替焊接控制应力和焊接温度的办法，解决了液压耦合器及 ϕ1.8m 大型液压缸焊接修补难题，使外单位火力发电机组重获新生；在国防军工科研试制产品中，他发明了独特的反变形操作法，使其在采用高强度合金钢板（我国试制冶炼仅一炉）为主体材料的焊接中，攻克了特殊焊接难关，展示了中国工人阶级的摇篮——江南造船工人的风采。

复习与训练

一、简答题

1. 骑座式管板垂直固定俯位焊检测项目有哪些？

2. 简要叙述钢板对接横焊单面焊双面成形灭弧焊打底的技巧。

二、实作训练

1. 根据制定的焊接参数，进行钢板对接横焊单面焊双面成形实作，并进行自检、互检。

2. 根据制定的焊接参数，进行骑座式管板垂直固定俯位焊单面焊双面成形实作，并进行自检、互检。

3. 根据制定的焊接参数，进行管对接垂直固定单面焊双面成形实作，并进行自检、互检。

项目五

焊条电弧焊立焊技能

项目导入

在焊接的平、横、立、仰四个基本位置中，立焊位置是应用较多的一种焊接位置，如在大型结构件中的加强筋板、大型钢结构梁的焊接。掌握立焊位置施焊技术，能够为复杂空间位置的焊接打下一定的基础，同时板对接立焊单面焊双面成形，是焊工技能考核中要求较高、操作难度较大的项目之一。

学习目标

1. 掌握板对接立焊单面焊双面成形的基本操作技能。
2. 掌握 T 形接头立角焊的基本操作技能。

项目实施

本项目共分为板对接立焊单面焊双面成形、T形接头立角焊两个任务单元，目的是通过不断实践，掌握焊条电弧焊立焊位置最基本的操作。

任务 5.1　板对接立焊

一、任务布置

微课：
板对接立焊单面焊双面成形

1. 工作任务描述

1）掌握板对接立焊单面焊双面成形操作要领。

2）制定装焊方案。

3）选择焊接参数。

4）按焊接安全、清洁、环境和焊接工艺要求完成焊接操作，制作合格的工件。

5）对工件进行质量检测。

2. 施工图

板对接立焊施工图如图 5-1 所示。

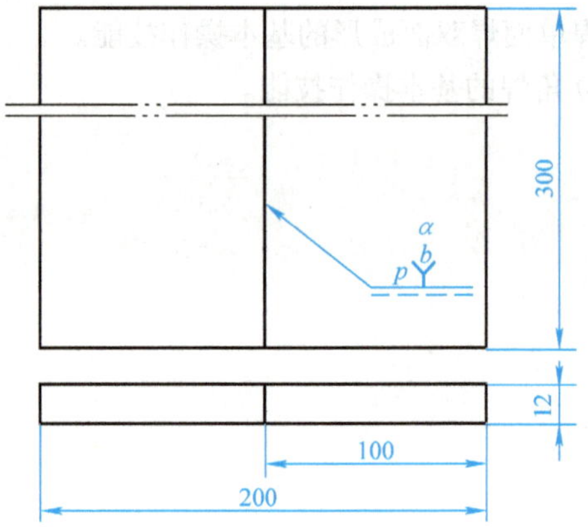

技术要求

1. 试件材料:Q235A。
2. 焊后变形量小于 3°。
3. 根部间隙b=3.2～4，钝边p=0.5～1，坡口角度α=60°±2°。

图 5-1　板对接立焊施工图

3. 任务解析

板对接立焊单面焊双面成形，是焊工必须掌握的操作技术。单面焊双面成形与板对接平焊类似，但由于施焊位置的特殊性（立焊位置），熔滴和熔池金属在重力作用下容易下淌，施焊工艺、操作技巧与板对接平焊单面焊均有较大的差异。

二、任务准备

1. 电焊机及辅助工具

同任务 3.1。

2. 焊接参数制定

板对接立焊单面焊双面成形焊接参数见表 5-1。

表 5-1 板对接立焊单面焊双面成形焊接参数

焊道分布	焊条型号	焊接层次		焊条直径 /mm	焊接电流 /A	电源极性
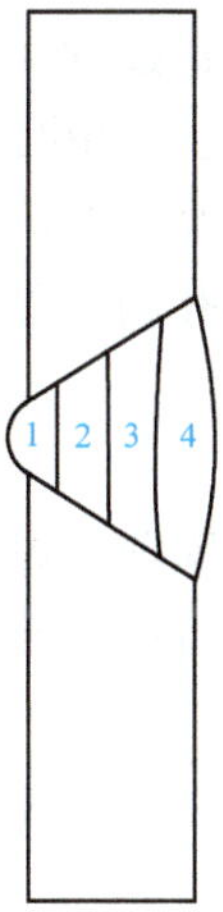	E5015（经 350~400℃烘干，保温 1~2h，随取随用）	打底（第 1 道）	连弧法	3.2	80~90	直流反接
			灭弧法	3.2	110~120	
		填充（第 2、3 道）		3.2	105~115	
		盖面（第 4 道）		3.2	100~110	
				4.0	125~135	

注：装配时焊接电流为 110~120A（焊条直径为 ϕ3.2mm）。

操作技能：
立对接打底

3. 备料

同任务 3.1。

4. 装配

同任务 3.1。

三、任务实施

1. 打底层

（1）基本操作　将装配好的试件垂直固定在离地面一定距离的工艺装备上，间隙小的一端在下，从间隙小的一端向上施焊，焊条与水平方向的夹角为 90°，与垂直方向的夹角为 70°~80°（图 5-2）。操作时可采用连弧法或灭弧法。灭弧法打底时，在一个灭弧周期内，采用直线运条方法或者月牙形运条方法（灭弧法较为容易控制熔池，初学者一般先学习灭弧法）。连弧法打底时，对厚板采用小三角形运条法，对中厚板或较薄板可采用小月牙形或锯齿形跳弧运条法。焊接接头可以采用热接法或者冷接法。

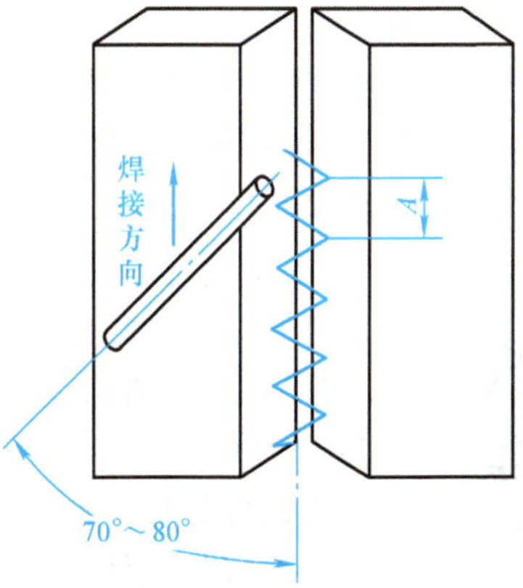

图 5-2 打底层焊接焊条角度

（2）技能技巧

1）引弧。对于灭弧法打底，可在熔孔中心位置引弧，引燃电弧后使电弧的$\frac{1}{3}$~$\frac{1}{2}$作用在熔池上，其余的电弧穿透到背面，以保证背面焊缝的成形；对于连弧法打底，在收弧时就应用焊条将熔孔做大，以便接头，在引弧接头时，在熔孔下方5~10mm位置引燃电弧，然后迅速将电弧拉至熔孔位置，压低电弧、稍作停留，当背面听到噗噗声时，证明背面已烧穿，可以正常进行运条焊接。

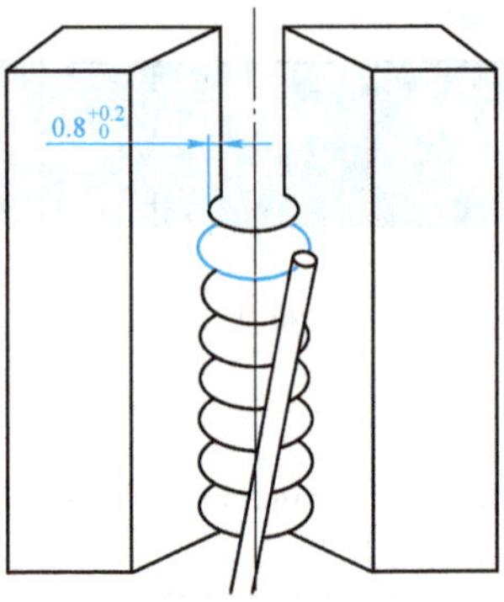

图5-3 熔孔的位置及大小

2）熔孔控制。对于灭弧法打底，应保持同样的操作频率，以保证熔孔大小的一致性，其次就是保证每次引弧位置的准确性，只有做到了这两点，熔孔的大小才能够被很好地控制。对于连弧法打底，可以通过透过焊缝背面电弧的多少来控制熔孔，当熔孔变大时，应减少透过背面的电弧；当熔孔变小时，应增加透过背面的电弧。若熔孔过大，则背面余高过高；若熔孔过小，则背面余高过低。只有熔孔均匀一致，背面余高才会均匀一致。熔孔的位置及大小如图5-3所示。

2. 填充层

（1）基本操作 填充层施焊前，应彻底清除前道焊缝表面的焊渣、飞溅，并将焊缝接头过高部分打磨平整。施焊时采用锯齿形运条法（图5-4），在坡口两侧略作停顿，焊缝中间速度稍快，注意分清熔池和熔渣，控制熔池的形状、大小和温度。

操作技能：
立对接填充

（2）技能技巧

1）填充焊根据板厚及选用的焊条规格，可以焊一层一道或两层两道。施焊时，焊条角度比打底层施焊时下倾10°~15°；运条方法同打底层（连弧法），但摆动幅度增大，在坡口两侧略停顿，稍加快焊条摆动速度；各层焊道应平整或呈凹形。

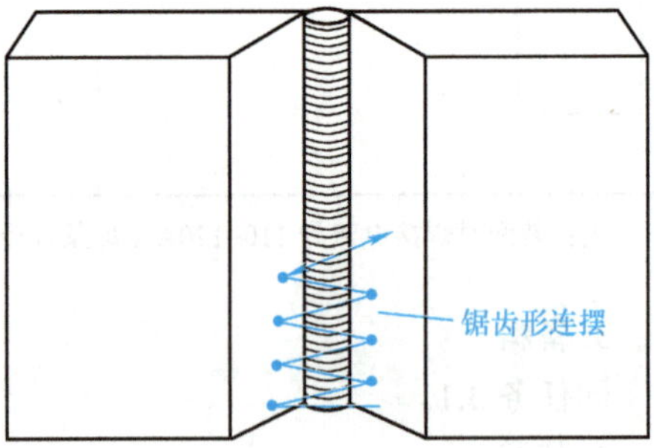

图5-4 填充层焊接运条方法

2）填充层焊缝表面低于坡口表面1~1.5mm。

3. 盖面层

（1）基本操作 操作与填充层基本相同，只是运条时焊条摆动幅度和间距更加均匀，电弧在坡口边缘稍有压低和停顿，以防止咬边，使焊缝成形更加美观。

（2）技能技巧

1）盖面层焊接时，摆动幅度比填充层焊接时稍大。中间摆动均匀，使熔池覆盖坡口原始棱边每侧1~1.5mm。

2）在坡口两侧应压低电弧并停顿，稍微加快摆动速度，以避免咬边和焊瘤的产生。

操作技能：
立对接盖面

4. 试件及现场清理

将焊好的试件用敲渣锤除去药皮渣壳，再用钢丝刷反复拉刷焊道，除去焊缝表面及附近的细小飞溅和灰尘。注意不得破坏试件原始表面，不得用水冷却。操作结束后，必须整理工具及设备，关闭电源，回收焊条，清理场地，将电缆线盘好，做到安全文明生产，并填写交班记录。

关键技术点拨——板对接立焊单面焊双面成形的操作要领

（1）看　观察熔池的形状和熔孔的大小，并基本保持一致。熔池形状为椭圆形，熔池前端应有一个深入母材两侧坡口根部0.5~1mm的熔孔。当熔孔过大时，应减小焊条与焊件的下倾角；让电弧多压往熔池，少在坡口上停留。当熔孔过小时，应压低电弧，增大焊条与焊件的下倾角。

（2）听　注意听电弧击穿坡口根部发出的"噗噗"声，若没有这种声音，则未焊透。一般保持焊条顶端离坡口根部1.5~2mm为宜。

（3）准　施焊时，熔孔的位置要把握准确，焊条的中心要始终对准熔池前端与母材的交界处，使每个熔池覆盖前一个熔池的2/3左右，并始终保证弧柱有1/3~1/2在背面燃烧，以加热和击穿坡口根部，保证背面焊缝的熔合。

四、任务评价和总结

根据板对接评分表（表5-2）按照附录相应评分标准对试件进行质量检查。由学生自检、学生之间互检、指导教师检查（专检）。

表5-2　板对接评分表（立焊）

操作者：　　　　　　　　　　　　　　　　操作日期：　　年　　月　　日

考核项目	分值	自检评分	互检评分	专检评分	备注
表面裂纹	5分				
表面单个气孔(正/背)	2分				
弧坑未焊满	5分				
未熔合	10分				
咬边	8分				
焊缝余高(正/背)	6分				
焊缝高低差	5分				
表面成形	5分				
夹渣	8分				
焊瘤	5分				
焊穿	8分				
角变形	5分				
错边	5分				
未焊透	8分				
焊缝单侧增宽	5分				
安全文明	10分				
合计	100分				

注：评分表可复印使用。

学习过程记录卡

班级		学习开始时间	年 月 日
姓名		学习完成时间	年 月 日
学习笔记			
学习心得			
学习总结			

任务 5.2　T 形接头立角焊

一、任务布置

1. 工作任务描述

1）掌握 T 形接头立角焊操作要领。

2）制定装焊方案。

3）选择焊接参数。

4）按焊接安全、清洁、环境和焊接工艺要求完成焊接操作，制作合格的工件。

5）对工件进行质量检测。

2. 施工图

T 形接头立角焊施工图如图 5-5 所示。

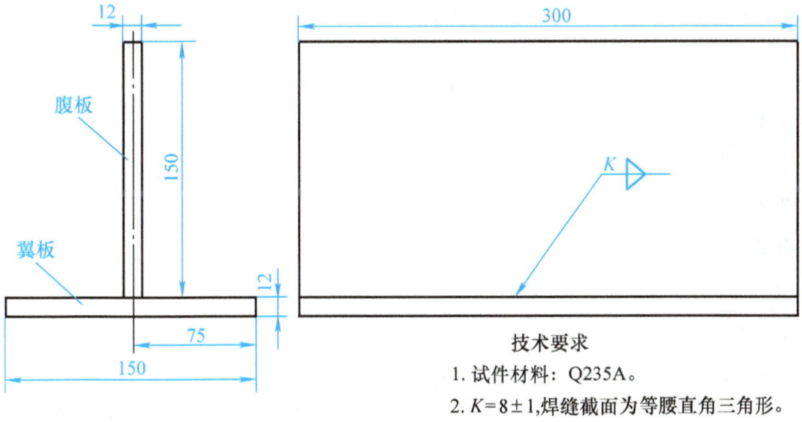

图 5-5　T 形接头立角焊施工图

3. 任务解析

1）T 形接头立角焊的焊接比平角焊的焊接增加了难度，主要是熔化金属在重力作用下容易下淌，使焊缝成形困难，焊缝外观也不如平焊焊缝美观，操作难度较大。在操作上与平角焊和板对接立焊都有较大的区别。

2）立角焊时，焊接速度慢、热输入量较大，在打底层焊接时，电流要小于平角焊时的电流；盖面层焊接时，为避免咬边，电流要小于打底层焊接时的电流。焊条在焊缝两侧应稍作停留，电弧的长度尽可能缩短，焊条摆动幅度应不大于焊缝宽度。

3）T 形接头立角焊每层焊接厚度较平角焊和平焊时大。对于 8mm 焊脚，仅需要打底和盖面两道焊道即可完成。左右对称、变形防止同任务 3.3，本任务不再赘述。

二、任务准备

1. 电焊机及辅助工具

同任务 3.1。

2. 焊接参数制定

T 形接头立角焊焊接参数见表 5-3。

表 5-3　T 形接头立角焊焊接参数

焊道分布	焊条型号	焊接层次	焊条直径/mm	焊接电流/A	电源极性
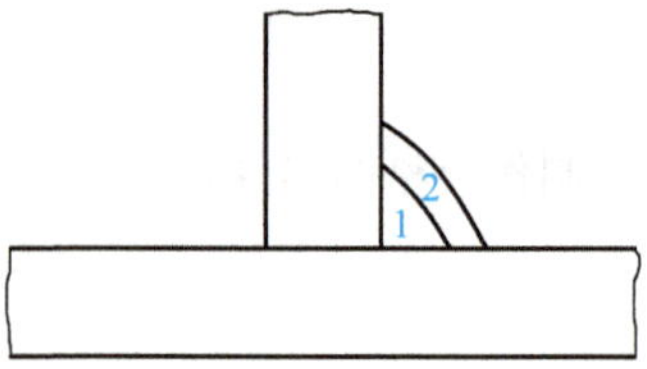	E5015（经 350~400℃烘干，保温 1~2h，随取随用）	打底（第 1 道）	3.2	110~120	直流反接
		盖面（第 2 道）	3.2	100~120	
			4.0	120~130	

注：装配时焊接电流为 110~120A（焊条直径为 ϕ3.2mm）。

3. 备料

同任务 3.3。

4. 装配

同任务 3.3。

三、任务实施

1. 打底层

（1）基本操作

1）将装配好的试件垂直固定在离地面一定距离的工艺装备上，向上立焊。施焊时，焊条与两板之间的夹角各为 45°，焊条下倾 60°~70°，可采用连弧法或灭弧法。采用灭弧法时，打底操作与板对接立焊打底操作类似，用直线运条法或月牙形运条法施焊；采用连弧法时，用三角形、倒月牙形或者锯齿形运条方法焊接，在三角形顶角和试件两侧稍作停留，确保顶角熔合良好，防止试件两侧产生咬边。立角焊焊条角度和运条方法如图 5-6 所示。

技能视频：
T形接头立角焊
打底

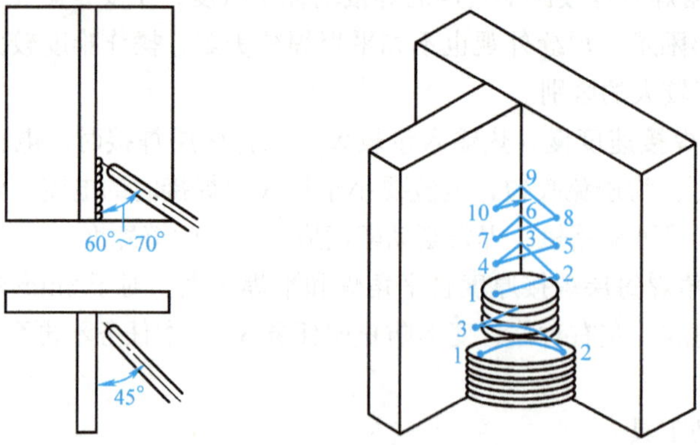

a)　　b)

图 5-6　立角焊焊条角度和运条方法

a）焊条角度　b）运条方法

2）打底层焊接完成后应用敲渣锤清除焊渣，并用钢丝刷清理焊缝表面，使焊缝露出金属光泽，为填充层或盖面层焊接做好准备。

（2）技能技巧

1）焊接过程中采用短弧焊接，以缩短熔滴金属过渡到熔池的距离，始终控制熔池形状为椭圆形或扁圆形，保持熔池外形下部分边缘平直，熔池宽度一致、厚度均匀，从而获得良好的焊缝成形。

2）在试件最下端引弧，稳弧预热后试件两侧熔合，形成熔池。之后熄弧，待熔池冷却至暗红色时，在熔池上方10~15mm处引弧，退到原熄弧处继续施焊。如此反复几次，直到符合焊道、焊脚尺寸并形成一个平台，随后以此平台为基准，按三角形运条方法由下向上“堆焊”。

2. 盖面层

（1）基本操作　盖面层施焊前，先将打底层表面焊渣清理干净。焊条角度同打底层，采用倒月牙形或者锯齿形运条方法焊接，运条时焊条摆动幅度和间距应更加均匀，电弧在坡口边缘稍有压低和停顿，以防止咬边，使焊缝成形更加美观。

技能视频：
T形接头立角焊盖面

（2）技能技巧

1）盖面层施焊前，焊缝接头局部凸起处需打磨平整。

2）锯齿形或倒月牙形运条时，保持小间距，以保证焊波均匀，横向摆动向上焊接。

3）焊至焊缝末端时采用反复断弧收尾法，熄弧和引弧的间隔通常根据熔池的温度变化来调整，在离收弧边缘2~3mm时，焊条角度要增大，焊条与焊缝夹角为90°。此时熄弧、引弧，熔池面积会不断缩小，直到填满弧坑。

关键技术点拨——T形接头立角焊的适度大电流焊接

在工艺允许的情况下，T形接头立角焊可采用适度的大电流焊接。往往采用倒月牙形运条，将电弧能量转移到熔池的前端，降低熔池的温度，缩短熔池存在的时间，从而使大电流焊接能够实现。

T形接头立角焊时，根部不易焊透，所以打底焊时眼睛要紧盯根部的熔合情况，电弧长度尽可能地缩短，可以采用灭弧法或者三角形运条法。因焊趾附近易产生咬边，故运条时，焊条在焊缝两侧应稍作停留，其摆动幅度应不大于焊缝宽度。

3. 试件及现场清理

将焊好的试件用敲渣锤除去药皮渣壳，再用钢丝刷反复拉刷焊道，除去焊缝表面及附近的细小飞溅和灰尘。注意不得破坏试件原始表面，不得用水冷却。操作结束后，整理工具及设备，关闭电源，回收焊条，清理场地，将电缆线盘好，做到安全文明生产，并填写交班记录。

四、任务评价和总结

根据角焊缝评分表（表 5-4）按照附录相应评分标准对试件进行质量检查。由学生自检、学生之间互检、指导教师检查（专检）。

表 5-4 角焊缝评分表（T 形接头立角焊）

操作者： 操作日期： 年 月 日

考核项目	分值	自检评分	互检评分	专检评分	备注
裂纹	10 分				
表面单个气孔	2 分				
弧坑未焊满	10 分				
未熔合	15 分				
咬边	10 分				
焊缝凸度	5 分				
焊缝高低差	3 分				
表面成形	10 分				
夹渣	10 分				
角变形	5 分				
角焊缝不对称	5 分				
角焊缝厚度不足	5 分				
安全文明	10 分				
合计	100 分				

注：评分表可复印使用。

学习过程记录卡

班级		学习开始时间	年　月　日
姓名		学习完成时间	年　月　日
学习笔记			
学习心得			
学习总结			

安全小贴士——安全工作一般要求

1）焊接操作者必须持证上岗，严格遵守和执行安全操作规程。

2）从事焊接工作的人员，应加强安全教育，落实安全措施，组织有关人员定期检查安全工作。

3）焊接操作结束以后，应仔细检查焊接场地及其周围，确认没有事故隐患之后方可离开现场。

4）实训场地、焊接车间必须备有消防设备，如消防栓、砂箱和灭火器材，并且要有明显的标识。

榜样的故事

“钢铁裁缝”的手上功夫——孔建伟（大国工匠、中华技能大奖获得者，中国东方电气集团有限公司东方锅炉股份有限公司焊接高级技师）

孔建伟是中国东方电气集团有限公司东方锅炉股份有限公司（以下简称东锅）的一名焊接高级技师。在四川，他是焊接领域的传奇人物，是行业内备受尊敬的焊接大师。

安全帽、帆布衣、劳保鞋……除特殊场合，这一身装扮是孔建伟多年来最钟爱的衣着款式，在公司厂内、各类技能大赛现场、焊接领域研讨会现场，人们总能看到他熟悉的身影。大家尊称他为“孔大师”，不仅仅因为他资历深厚、技术精湛，更因为他在技术上的无私奉献、传道授业。

20世纪80年代初，孔建伟分配到东锅焊接实验室工作。记忆中，那些与他父辈年龄相仿的焊接工艺人员，将各自的工艺毫无保留地传授给他。几年下来，他不仅学到了一身本事，还从老一辈焊接人身上学到了“有技不独有”的奉献精神。

孔建伟的职业成长与进步缘于恩师指引，也离不开其自身努力。那个时代，全国各大企业技术比武、岗位练兵生机勃勃。逢赛必参加的孔建伟几乎放弃了所有的休假，坚持高强度训练，并且“恶补”理论知识。他在省、市和全国锅炉行业焊工比赛中多次取得名次，获得了技术能手称号。

孔建伟善于钻研、乐于传道，更甘愿做人梯，他倾尽所能，将自己所掌握的操作技能和焊接理论知识，毫无保留地传授给年轻焊工，让身边的“苗子”快速成才。30多年来，孔建伟为公司和兄弟单位培训出合格焊工上千人次。在全国各级焊工技能赛事中，由他培养、指导的诸多技术尖子，均已成为企业的技术骨干力量，同时还涌现出许多技师、高级技师和模范人物，在基层一线持续为企业和国家机械工业的发展做贡献。

复习与训练

一、简答题

1. 板对接立焊连弧焊打底和灭弧焊打底有什么区别?
2. 板对接立焊单面焊双面成形时如何控制熔孔的大小?

二、实作训练

1. 根据制定的焊接参数，进行板对接立焊单面焊双面成形实作，并进行自检、互检。
2. 根据制定的焊接参数，进行T形接头立角焊实作，并进行自检、互检。

项目六
焊条电弧焊仰焊技能

项目导入

仰焊技术很早以前就应用于管道固定口的焊接中，由于当时电焊机和焊接材料的性能及质量同现在相比有一定的差距，且焊工操作技术和焊接工艺也不成熟，因此仰焊被认为是难度很高的焊接技术，从全面质量管理的角度考虑，当时五大管理要素中的“人、机、料、法”四大要素没有解决或没有完全解决好，所以仰焊技术难度很高是理所当然的。然而，工程技术人员并没有放弃仰焊技术，多年来，很多焊接研究机构、焊接协会、学会组织和单位努力研究和推广仰焊技术。在锅炉压力容器、压力管道、电力、石油、化工、造船等行业一直在使用和研究仰焊技术，通过一直以来的研究和推广，现在国内焊接设备、焊接材料都已达到国际先进水平，基本已取代进口的设备和焊接材料，完全能满足仰焊技术的需要，可以肯定地说，大规模使用仰焊技术的时机已成熟。

学习目标

1. 掌握板对接仰焊单面焊双面成形的基本操作技能。
2. 掌握 T 形接头仰角焊的基本操作技能。

项目实施

本项目共分为板对接仰焊、T 形接头仰角焊两个任务单元，目的是通过不断实践，掌握焊条电弧焊仰焊位置最基本的操作。

任务 6.1　板对接仰焊

微课：
板对接仰焊单面焊双面成形

一、任务布置

1. 工作任务描述

1）掌握板对接仰焊单面焊双面成形操作要领。

2）制定装焊方案。

3）选择焊接参数。

4）按焊接安全、清洁、环境和焊接工艺要求完成焊接操作，制作合格的工件。

5）对工件进行质量检测。

2. 施工图

板对接仰焊施工图如图 6-1 所示。

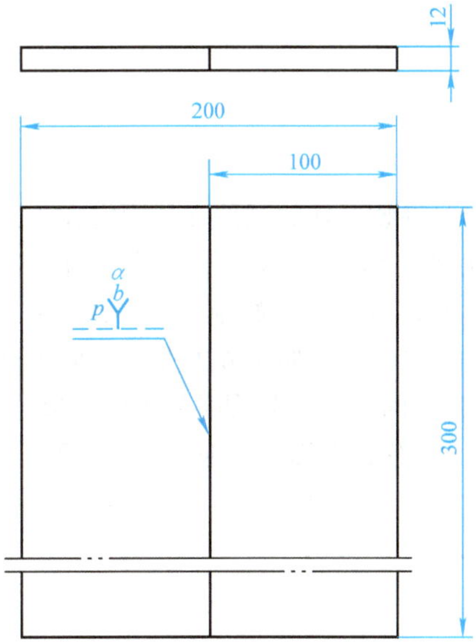

技术要求

1. 试件材料：Q235A。
2. 焊后变形量小于3°。
3. 焊缝根部间隙 b=3.2～4，钝边 p=0.5～1，坡口角度 α=60°±2°。

图 6-1　板对接仰焊施工图

3. 任务解析

板对接仰焊单面焊双面成形是各种焊接位置中最难掌握的一种。由于熔池倒悬在焊件下面，熔滴和熔池金属在重力作用下容易下淌。在焊接过程中，为了控制熔池尺寸和熔池温度，减少和防止液态金属下淌而产生背面凹坑和正面焊瘤，焊接时要采用特殊的焊接工艺和操作技巧。

二、任务准备

1. 电焊机及辅助工具

同任务 3.1。

2. 焊接参数制定

板对接仰焊单面焊双面成形焊接参数见表 6-1。

表 6-1　板对接仰焊单面焊双面成形焊接参数

焊道分布	焊条型号	焊接层次		焊条直径 /mm	焊接电流 /A	电源极性
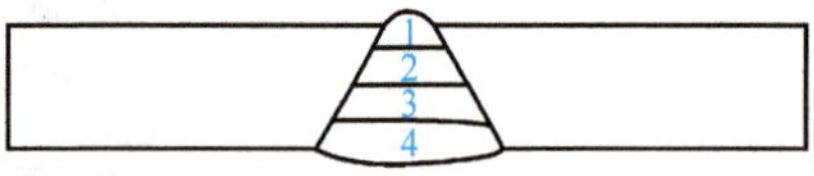	E5015（经 350~400℃烘干，保温 1~2h，随取随用）	打底（第 1 道）	灭弧法	3.2	115~125	直流正接
			连弧法	3.2	95~105	直流反接
		填充（第 2、3 道）		3.2	120~130	
				4.0	145~155	
		盖面（第 4 道）		3.2	110~120	
				4.0	120~130	

注：装配时焊接电流为 110~120A（焊条直径为 ϕ3.2mm）。

3. 备料

同任务 3.1。

4. 装配

同任务 3.1。

三、任务实施

1. 打底层

（1）基本操作　将装配好的试件夹持固定在工艺装备上（距离地面高度以操作者的操作高度为准，约 600mm），焊缝与水平面平行，且处于焊工仰视位置，间隙小的一端在远端，从远端开始施焊，焊条与左右试件之间的夹角为 90°，与焊接方向的夹角为 70°~80°，如图 6-2 所示。采用灭弧法打底，严格采用短弧，25~30 次 /min，灭弧时间约 1s。施焊时焊条向上顶，电弧 2/3 在焊缝背面燃烧，保持较强的电弧穿透力，保证背面成形饱满，不至于下凹，接头采用热接法。

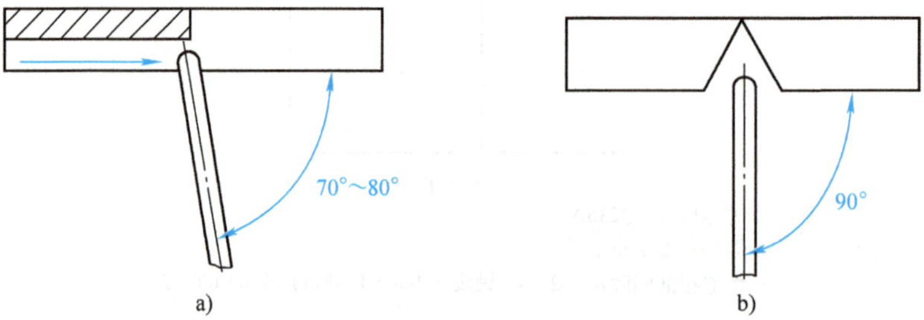

图 6-2　打底层焊接焊条角度

（2）技能技巧

1）在试件远端定位焊缝处引弧，稍作预热，焊条拉到坡口间隙处，电弧向上顶送，坡口根部熔化并击穿形成熔孔。

2）电弧在坡口根部两侧稍作停留，停顿时间比其他焊接位置时的短些，坡口根部两侧应熔化 0.5~1mm，要保持熔池小且浅。

2. 填充层

（1）基本操作　焊前必须将前道焊缝表面的焊渣清理干净。从远端开始施焊，采用锯齿形运条法，也可用月牙形运条法，注意分清熔池和熔渣，控制熔池的形状、大小和温度，使焊缝表面平整。填充层焊接运条方法及焊条角度如图 6-3 所示。

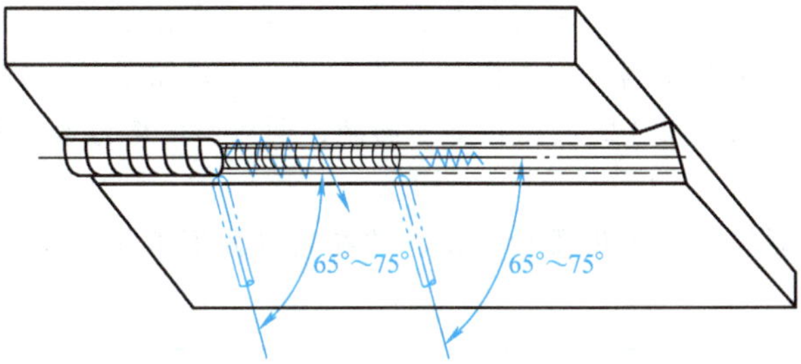

图 6-3　填充层焊接运条方法及焊条角度

（2）技能技巧

1）摆动幅度较打底层焊接时大一些，横向摆动到两侧稍作停留，中间运条速度要快，焊缝中部略呈凹形，如图 6-4 所示。

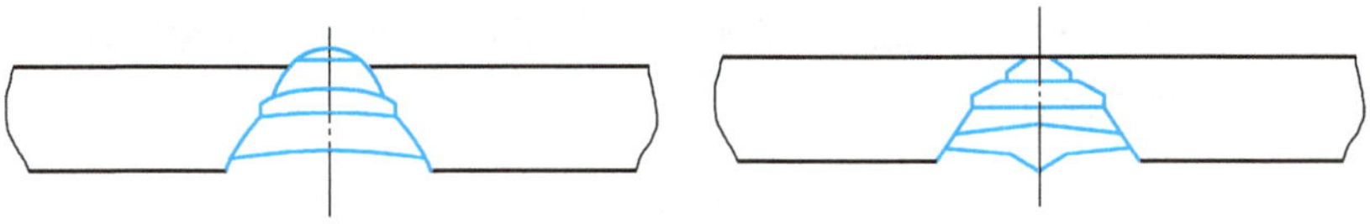

图 6-4　填充层的形状

a）合格的填充层　b）不合格的填充层

2）填充层焊缝表面应低于母材表面 1mm 左右。

3. 盖面层

（1）基本操作　操作与填充层基本相同，焊接过程中严格采用短弧，运条速度要均匀，焊条摆动的幅度和间距要均匀，在坡口边缘稍稍停顿，使坡口边缘熔合良好，防止咬边、未熔合和焊瘤等缺陷。

（2）技能技巧

1）盖面层焊接时，摆动幅度比填充层焊接时稍大。中间摆动均匀，使熔池覆盖坡口原始棱边每侧 1~1.5mm。

2）施焊时要控制电弧长度，不宜过长或过短。电弧过长会产生气孔，电弧压得过低会导致焊条粘条。压低电弧，摆到坡口左右两边缘稍作停顿，防止熔池不饱满，造成咬边。保持好焊条角度，焊条左右摆动和前进速度尽量保持一致，控制熔池的温度，以保持熔池呈椭圆形。

3）预留好填充层的深度，以便于盖面。盖面层焊接时应避免产生过多的接头，影响质量和外观成形。当填充层与母材高度一致时，应将焊条角度垂直于试件，摆动速度要快，从而降低盖面高度。

关键技术点拨——板对接仰焊单面焊双面成形是“捅”出来的

仰焊时，熔池倒挂在焊件下面，熔化金属因重力作用容易下坠滴落，不易控制熔池的形状和大小，容易出现未焊透、夹渣和凹坑等缺陷。焊接时，必须采用短弧，选择合适的焊条角度，宜采用较小直径的焊条。打底层焊接时采用较大的电流，比平焊时大15%~20%；其他层焊接时采用较小的电流，电流比平焊时小15%~20%，严格控制热输入，尽量做到焊速快，使熔池小、熔敷层薄。

打底焊时，推荐使用灭弧法进行焊接操作（碱性焊条宜采用直流正接进行打底焊），焊接电流宜比正常焊接电流稍大，否则易产生粘连。形成熔孔后，焊条尽可能地向上顶——“捅”，始终保持1/2~2/3的电弧在背面燃烧，同时新的熔池要覆盖前一个熔池的1/2乃至更多。

填充焊道和盖面焊道宜采用摆动焊接，并在坡口两侧略作停顿进行稳弧，以保证两侧熔合良好。

4. 试件及现场清理

将焊好的试件用敲渣锤除去药皮渣壳，再用钢丝刷反复拉刷焊道，除去焊缝表面及附近的细小飞溅和灰尘。注意不得破坏试件原始表面，不得用水冷却。操作结束后，整理工具及设备，关闭电源，回收焊条，清理场地，将电缆线盘好，做到安全文明生产，并填写交班记录。

四、任务评价和总结

根据板对接评分表（表6-2）按照附录相应评分标准对试件进行质量检查。由学生自检、学生之间互检、指导教师检查（专检）。

表6-2 板对接评分表（仰焊）

操作者：　　　　　　　　　　　　　　操作日期：　年　月　日

考核项目	分值	自检评分	互检评分	专检评分	备注
表面裂纹	5分				
表面单个气孔（正/背）	2分				
弧坑未焊满	5分				
未熔合	10分				
咬边	8分				
焊缝余高（正/背）	6分				
焊缝高低差	5分				
表面成形	5分				
夹渣	8分				
焊瘤	5分				
焊穿	8分				
角变形	5分				
错边	5分				
未焊透	8分				
焊缝单侧增宽	5分				
安全文明	10分				
合计	100分				

注：评分表可复印使用。

学习过程记录卡

班级		学习开始时间	年 月 日
姓名		学习完成时间	年 月 日
学习笔记			
学习心得			
学习总结			

任务 6.2 T 形接头仰角焊

一、任务布置

1. 工作任务描述

1）掌握 T 形接头仰角焊操作要领。

2）制定装焊方案。

3）选择焊接参数。

4）按焊接安全、清洁、环境和焊接工艺要求完成焊接操作，制作合格的工件。

5）对工件进行质量检测。

2. 施工图

T 形接头仰角焊施工图如图 6-5 所示。

微课：
T形接头仰角焊

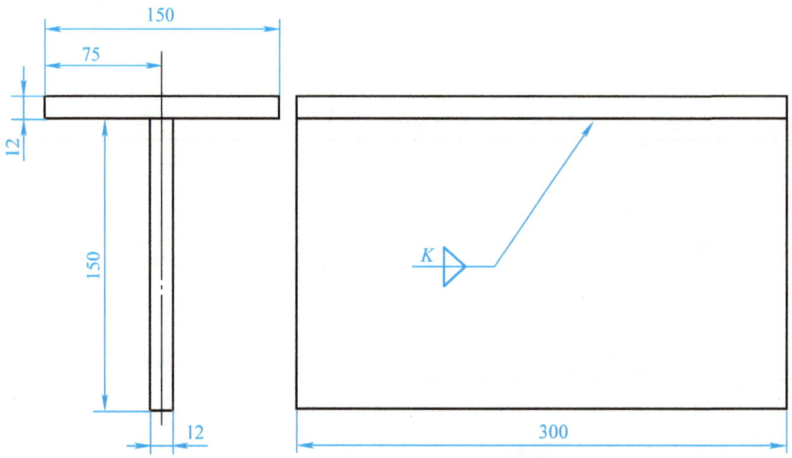

技术要求

1. 试件材料：Q235A。

2. K=10±1,焊缝截面为等腰直角三角形。

图 6-5 T 形接头仰角焊施工图

3. 任务解析

T 形接头仰角焊是 T 形接头各焊接位置中最难的一种操作方法。仰角焊时，焊缝位于燃烧电弧的上方，焊工必须在仰视的位置进行操作，劳动强度较大，很容易疲劳。熔化的金属或熔滴在重力作用下很容易下淌，形成焊瘤或夹渣，造成焊缝表面不平整。一般采用直线运条法或稍作横向摆动的直线运条法。本任务为 10mm 对称角焊缝，采用多层多道焊，即打底层 1 道、填充层 2 道、盖面层 3~4 道。

二、任务准备

1. 电焊机及辅助工具

同任务 3.1。

2. 焊接参数制定

T 形接头仰角焊焊接参数见表 6-3。

表 6-3　T 形接头仰角焊焊接参数

<table>
<tr><th>焊道分布</th><th>焊条型号</th><th>焊接层次</th><th>焊条直径/mm</th><th>焊接电流/A</th><th>电源极性</th></tr>
<tr><td rowspan="5">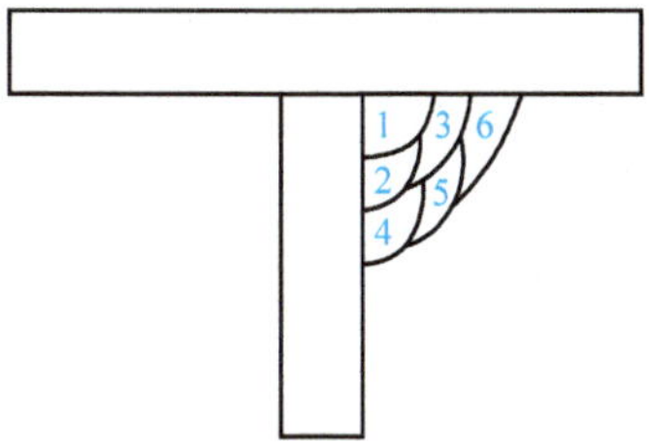</td><td rowspan="5">E5015（经 350~400℃烘干，保温 1~2h，随取随用）</td><td>打底（第 1 道）</td><td>3.2</td><td>110~120</td><td rowspan="5">直流反接</td></tr>
<tr><td rowspan="2">填充（第 2、3 道）</td><td>3.2</td><td>120~130</td></tr>
<tr><td>4.0</td><td>130~140</td></tr>
<tr><td rowspan="2">盖面（第 4、5、6 道）</td><td>3.2</td><td>110~120</td></tr>
<tr><td>4.0</td><td>130~140</td></tr>
</table>

注：装配时焊接电流为 110~120A（焊条直径为 ϕ3.2mm）。

3. 备料

同任务 3.3。

4. 装配

同任务 3.3。

三、施焊

1. 打底层

（1）基本操作　将装配好的试件夹持在离地面一定距离（600mm 左右）的工艺装备上，焊缝与水平面平行，且处于焊工仰视位置。从左端开始施焊，焊条与腹板的夹角为 45°，采用直线运条法，焊条与焊接前进方向的夹角为 70°~80°。电弧对准根部，压低电弧，并保证顶角和两侧试件熔合良好，如图 6-6 所示。接头采用冷接法或热接法。

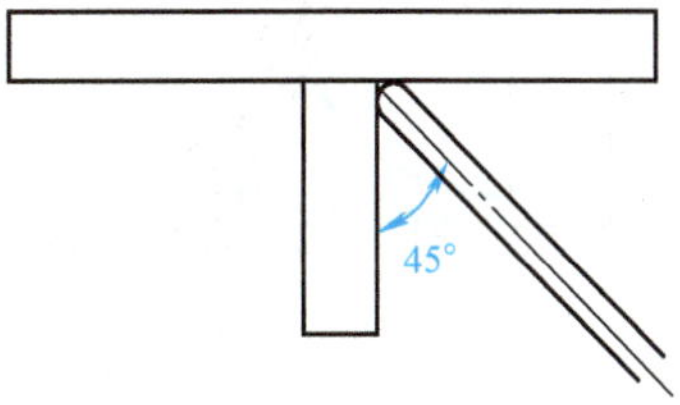

图 6-6　打底焊焊条角度

操作技能：T形接头仰角焊打底

（2）技能技巧　为防止熔池下滴过多，造成焊缝下塌、翼板咬边，在操作时可适当将电弧偏向腹板，利用电弧的推力托住熔池。

2. 填充层

（1）基本操作　填充焊道施焊前，应清除干净前层焊道的焊渣与飞溅。填充层由两条焊道组成（第 2、3 道），先焊下面焊道（第 2 道），后焊上面焊道（第 3 道）。焊缝表面应平滑，略呈凹形，避免出现焊偏和咬边，焊脚应对称并符合尺寸要求。填充层焊接焊条角度如图 6-7 所示。

操作技能：
T形接头仰角焊
填充

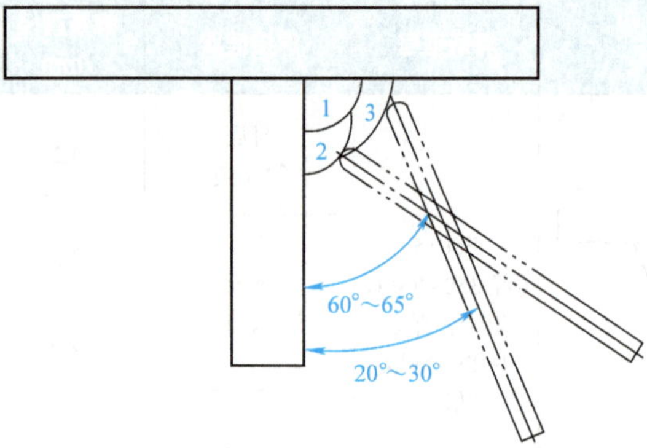

图 6-7　填充层焊接焊条角度

（2）技能技巧

1）焊下面焊道时，电弧对准打底层下边缘熔合线，使焊缝压住打底层焊道的 1/2~2/3，直线运条或稍作摆动，压低电弧长度，运条速度稍快。

2）焊上面焊道时，电弧对准打底层上边缘熔合线，使焊缝压住下面焊道（第 2 道）的 1/2，上下两道焊道衔接要好，稍加大焊条的上下摆动幅度，以避免脱节、产生沟槽。

3. 盖面层

（1）基本操作　盖面层由三道（第 4、5、6 道）组成，焊接方法与填充层的操作基本相同。焊接过程中严格采用短弧，运条速度要均匀，焊条摆动的幅度和间距要均匀，使边缘熔合良好，防止产生咬边、未熔合和焊瘤等缺陷。盖面层焊接焊条角度如图 6-8 所示。

操作技能：
T形接头仰角焊
盖面

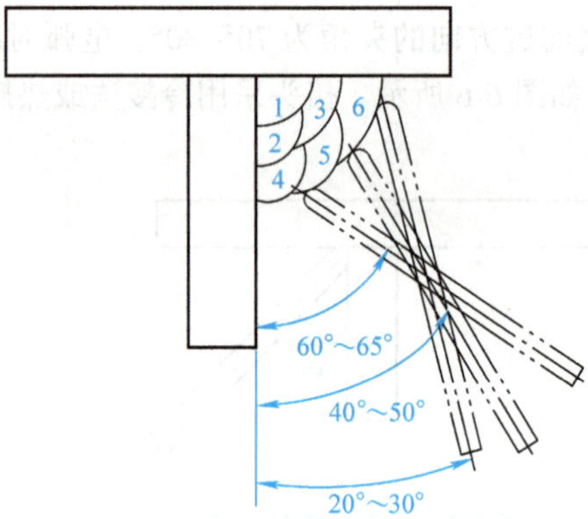

图 6-8　盖面层焊接焊条角度

（2）技能技巧

1）焊第 4 道时，电弧对准填充层下边缘熔合线，使焊道压住填充层第 2 道的 1/2~2/3，直线运条或做小幅度摆动，压低电弧长度，运条速度稍快。

2）焊第 5 道时，电弧对准第 4 道上边缘熔合线，使焊道压住第 4 道的 1/2~2/3，第 4、5 道衔接要好，避免脱节、产生沟槽。

3）焊第 6 道时，电弧对准第 5 道上边缘熔合线，使焊道压住第 5 道的 1/2~2/3，两道焊道衔接要好，避免脱节、产生沟槽，运条时稍作往复摆动，注意与翼板熔合良好，防止咬边、未熔合和焊瘤等缺陷。

关键技术点拨

仰焊时，熔池倒挂在焊件下面，熔化金属因重力作用容易下坠滴落，不易控制熔池的形状和大小，容易出现未熔合、夹渣和凹坑等缺陷。焊接时，必须采用短弧，选择合适的焊条角度，宜采用较小直径的焊条和较小的电流，电流比平焊时小 15%~20%。

采用往返摆动焊接填充焊道和盖面焊道，并在板侧略作停顿进行稳弧，以保证两侧熔合良好。

仰焊时，熔池体积应尽可能小一些、薄一些，并确保与母材熔合良好。第一层打底焊道采用短弧做前后推拉动作，焊条与焊接方向成 70°~80°。

4. 试件及现场清理

将焊好的试件用敲渣锤除去药皮渣壳，再用钢丝刷反复拉刷焊道，除去焊缝表面及附近的细小飞溅和灰尘。注意不得破坏试件原始表面，不得用水冷却。操作结束后，整理工具及设备，关闭电源，回收焊条，清理场地，将电缆线盘好，做到安全文明生产，并填写交班记录。

四、任务评价和总结

根据角焊缝评分表（表 6-4）按照附录相应评分标准对试件进行质量检查。由学生自检、学生之间互检、指导教师检查（专检）。

表 6-4　角焊缝评分表（T 形接头仰角焊）

操作者：　　　　　　　　　　　　　　　　　　操作日期：　　年　　月　　日

考核项目	分值	自检评分	互检评分	专检评分	备注
裂纹	10 分				
表面单个气孔	2 分				
弧坑未焊满	10 分				
未熔合	15 分				
咬边	10 分				
焊缝凸度	5 分				
焊缝高低差	3 分				
表面成形	10 分				
夹渣	10 分				
角变形	5 分				
角焊缝不对称	5 分				
角焊缝厚度不足	5 分				
安全文明	10 分				
合计	100 分				

注：评分表可复印使用。

学习过程记录卡

班级		学习开始时间	年　月　日
姓名		学习完成时间	年　月　日
学习笔记			
学习心得			
学习总结			

安全小贴士——粉尘及有害气体的防护

焊接电弧的高温将使金属剧烈蒸发，焊条和母材在焊接时也会产生各种蒸气和烟雾，它们在空气中冷凝并氧化成粉尘。

减少粉尘及有害气体的措施包括以下几方面：

1）降低焊接发尘量和烟尘毒性。

2）提高焊接机械化和自动化程度。

3）加强通风。

4）焊工佩戴好口罩，以加强防护。

榜样的故事

“LNG 船上缝钢板”——沪东中华造船（集团）有限公司总装二部围护系统车间电焊二组班组长、高级技师“大国工匠”张冬伟

LNG 船是国际上公认的高技术、高难度、高附加值的“三高”船舶，被誉为“造船工业皇冠上的明珠”，LNG 船建造技术以往只有欧美和日韩等发达国家的极少数船厂掌握。研发建造 LNG 船是早日把我国建设成为世界第一造船大国的自我挑战，对于推动和保障国家能源战略的实施具有极为重要的意义。作为一名“80 后”焊工，张冬伟是中国首批 LNG 船建造者之一，他甘于吃苦、勇于奉献，用自己的聪明才智解决了一个又一个难题，为 LNG 系列船的顺利建造交付做出了突出贡献。

作为 LNG 船核心的围护系统，焊接是重中之重，张冬伟不断地磨砺自己。围护系统使用的殷瓦大部分为 0.7mm 厚的殷瓦钢，殷瓦焊接犹如在钢板上“绣花”，对人的耐心和责任心要求非常高，而他能够耐得住寂寞，潜心从事焊接工艺研究，短短几米长的焊缝需要焊接五六个小时，如果不能沉下心来，根本就不能保质保量完成任务。

围护系统建造首先涉及的是基座连接件 MO_5 自动焊，原先焊后在背面涂装油漆的工艺已不适用。为保证围护系统的顺利建造，张冬伟与技术人员放弃了休息时间，日夜埋头图样堆中，经过不懈攻关，完成了 MO_5 的工艺改动试验任务。LNG 船液货舱围护系统液穹区域，不锈钢托架是非常重要的支撑部件，与船体的安装间隙为 4~7mm，要求单面焊双面成形，变形量要求控制在 2mm 以内。由于采用普通的二氧化碳气保焊工艺达不到要求，张冬伟便将焊接时的温度严格控制在 15℃以下，有效地减小了变形与合金元素的烧损。试验取得了成功，得到了专利方法国 GTT 公司和美国 ABS 船级社的认可，并用于 LNG 船实船生产当中，收到了良好的成效。

张冬伟非常注意积累、总结经验，不断摸索、完善各类焊接工艺，先后参编了《14 万立方米 LNG 船殷瓦管十字连接件焊接工艺研究》《LNG 船殷瓦手工焊自动焊焊接工艺》《端部列板操作指导书及修补工艺》及《MO_2 自动焊与 MO_3 凸缘螺柱自动焊产生的主要

缺陷和修补方案》等作业指导书，为提高LNG船生产率，保证产品质量发挥了积极作用。

10余年来，张冬伟一方面努力提升自己技能水平，另一方面，通过言传身教，将自己的知识和经验毫无保留地传授给身边的同事。2005年至2015年，张冬伟通过师徒带教的形式，指导培训了焊接最高等级殷瓦G证、SP3\SP4\SP7等手工焊证，以及MO—MO_8氩弧焊自动焊工40余人、殷瓦拆板工6人，涉及围护系统焊接的各个焊接种类，满足了LNG船围护系统建造的各项需求，并先后带出了30余名熟练掌握多种焊接类型的复合型殷瓦焊工，已都成为了公司的技术骨干人才。

令张冬伟最自豪的事情，就是看着亲身参与建造的LNG船交船驶离码头。每每看到有媒体报道LNG船的建造情况，就有一种莫大的幸福感生于心中。

复习与训练

一、简答题

1. 为什么说板对接仰焊单面焊双面成形是“捅”出来的？
2. T形接头仰角焊单边由几条焊道组成？画出仰角焊单边焊接顺序。

二、实作训练

1. 根据制定的焊接参数，进行板对接仰焊单面焊双面成形实作，并进行自检、互检。
2. 根据制定的焊接参数，进行T形接头仰角焊实作，并进行自检、互检。

项目七

焊条电弧焊拓展技能

项目导入

在石油管道、压力容器、钢结构建筑等行业中，更多、更复杂的焊接接头需要在施工现场进行焊接，各种不同的空间位置，给焊工带来一定的挑战。虽然掌握了基本位置的焊接技能，但要成为一名高水平焊工，还必须熟练掌握空间任意位置的焊接技术。本项目还特别安排了组合件制造综合技能。

学习目标

1. 掌握插入式管板水平固定全位置焊操作技能。
2. 掌握骑座式管板水平固定全位置焊操作技能。
3. 掌握管对接水平固定单面焊双面成形操作技能。
4. 掌握管对接45°倾斜固定位置单面焊双面成形操作技能。
5. 掌握组合件装配、焊接操作技能。

项目实施

本项目分为插入式管板水平固定全位置焊、骑座式管板水平固定全位置焊、管对接水平固定焊、管对接 45° 倾斜固定焊、典型焊接组合件的装配与焊接五个任务单元，目的是通过不断实践，掌握空间所有位置的施焊技术。

任务 7.1　插入式管板水平固定全位置焊

一、任务布置

微课：
插入式管板水平固定全位置焊

1. 工作任务描述

1）掌握插入式管板水平固定全位置焊操作要领。

2）制定装焊方案。

3）选择焊接参数。

4）按焊接安全、清洁、环境和焊接工艺要求完成焊接操作，制作合格的工件。

5）对工件进行质量检测。

2. 施工图

插入式管板水平固定全位置焊施工图如图 7-1 所示。

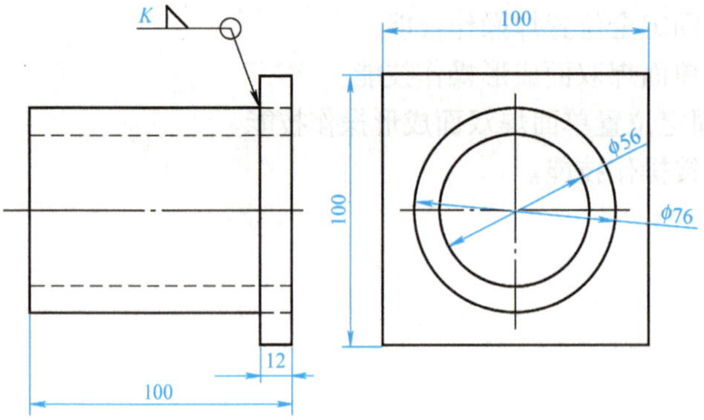

技术要求

1. 材料：Q235A。
2. K=8±1，焊缝截面为等腰直角三角形。

图 7-1　插入式管板水平固定全位置焊施工图

3. 任务解析

插入式管板接头形式与任务 3.5 一样，不需要背面成形，钢管也不需要制备坡口。与任务 3.5 不同的是焊接位置不同，该任务为插入式管板水平固定，圆周角焊缝需全位置焊接。在全位置焊接过程中，会遇到由仰角焊转换到立角焊再转换到平角焊操作，增加了操作难度。根据试件的厚度，确定焊脚尺寸为 8mm，需要焊两层，即打底层和盖面层。

二、任务准备

1. 电焊机及辅助工具

辅助工具增加直角尺，其他同任务 3.1。

2. 焊接参数制定

插入式管板水平固定全位置焊焊接参数见表 7-1。

表 7-1　插入式管板水平固定全位置焊焊接参数

焊道分布	焊条型号	焊接层次	焊条直径 /mm	焊接电流 /A	电源极性
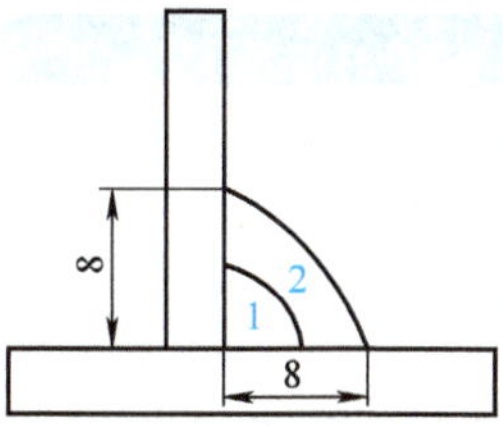	E5015（J507）（经 350～400℃烘干，保温 1～2h，随取随用）	打底（第 1 道）	2.5	70～85	直流反接
	E5015（J507）（经 350～400℃烘干，保温 1～2h，随取随用）	盖面（第 2 道）	3.2	90～110	直流反接

3. 装配

同任务 3.5。

三、任务实施

1. 打底层

插入式管板水平固定全位置焊打底焊，可以采用连弧法，也可采用灭弧法。焊接时，沿着管板的垂直中心线将焊缝分成左右两个半圈，右半圈沿逆时针方向，左半周沿顺时针方向，自下而上施焊。按个人习惯，先焊左侧或者先焊右侧都可以，引弧和收弧部位都要超过垂直中心线 5～10mm。

焊接时，焊条与底板成 40°～50°，使电弧热量均匀分布在管侧和板侧，保证两侧焊缝边缘熔合良好，焊条与焊接方向的夹角则需要随着焊接位置的变化而不断调整，保持为 60°～70°，如图 7-2 所示。

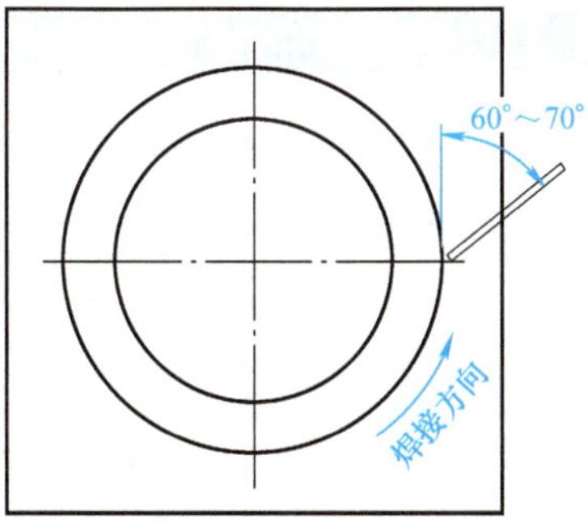

图 7-2　打底焊焊条与焊接方向夹角

在试件最下方的仰焊位置引燃电弧，小锯齿形摆动 3～4 个往返，使试件充分预热后熄灭电弧，待熔池温度下降、颜色较暗时，迅速引燃电弧，将焊条向焊缝根部夹角顶送，在管与板之间做小幅度的锯齿形摆动，1～2 个往返后熄灭电弧。焊接时，电弧的 1/3 压在上一个熔池上，形成焊缝。接头时，在弧坑前面引燃电弧并略微摆动，填满弧坑后，压低电弧，顶至焊缝根部，如此反复操作，直至最上方的平焊位置时，完成半圈的焊接。重复前面的操作过程，对另一个半圈进行焊接，施焊完成后即完成了打底层焊接。

2. 盖面层

盖面层焊接采用连弧焊法，焊条摆动的幅度比打底层焊接时要稍宽。焊条角度和打底层焊接时基本相同。在焊接时，焊条摆动幅度和间距应更加均匀，电弧在焊缝两侧边缘时应稍有压低和停顿，以防止咬边，使焊缝成形美观。盖面层焊接完成后，将焊缝表面的焊渣、飞溅等清理干净。

关键技术点拨

插入式管板水平固定全位置焊的关键技术主要就是要做到“快、准、狠”。

快：引弧、熄弧的频率要快，特别是使用碱性焊条焊接时。

准：就是引弧位置（红热的熔池处）要准确。

狠：就是熄弧的动作要干脆利落，特别是灭弧焊熄弧时，一定要干脆，不能“拖弧”。

3. 试件及现场清理

将焊好的试件用敲渣锤除去药皮渣壳，再用钢丝刷反复拉刷焊道，除去焊缝表面及附近的细小飞溅和灰尘。注意不得破坏试件原始表面，不得用水冷却。操作结束后，整理工具及设备，关闭电源，上交剩余焊条，清理场地，将电缆线盘好，做到安全文明生产，并填写交班记录。

四、任务评价和总结

根据角焊缝评分表（表7-2）按照附录相应评分标准对试件进行质量检查，由学生自检、学生之间互检、指导教师检查（专检）。

表 7-2　角焊缝评分表（插入式管板水平固定全位置焊）

操作者：　　　　　　　　　　　　　　　操作日期：　　年　　月　　日

考核项目	分值	自检评分	互检评分	专检评分	备注
裂纹	10分				
表面单个气孔	2分				
弧坑未焊满	10分				
未熔合	15分				
咬边	10分				
焊缝凸度	5分				
焊缝高低差	3分				
表面成形	10分				
夹渣	10分				
角变形	5分				
角焊缝不对称	5分				
角焊缝厚度不足	5分				
安全文明	10分				
合计	100分				

注：评分表可复印使用。

学习过程记录卡

班级		学习开始时间	年　月　日
姓名		学习完成时间	年　月　日
学习笔记			
学习心得			
学习总结			

任务 7.2 骑座式管板水平固定全位置焊

一、任务布置

1. 工作任务描述

1）掌握骑座式管板水平固定全位置焊操作要领。

2）制定装焊方案。

3）选择焊接参数。

4）按焊接安全、清洁、环境和焊接工艺要求完成焊接操作，制作合格的工件。

5）对工件进行质量检测。

2. 施工图

骑座式管板水平固定全位置焊施工图如图 7-3 所示。

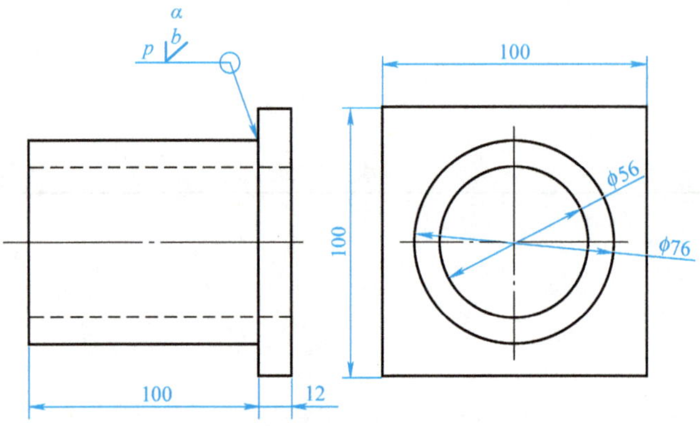

技术要求

1. 试件材料：Q235A。
2. $K=8\pm1$，焊缝截面为等腰直角三角形。
3. 焊缝根部间隙b=3.2~4.0，钝边 p=0.5~1，坡口角度α=50°±2°。

图 7-3 骑座式管板水平固定全位置焊施工图

3. 任务解析

骑座式管板水平固定全位置焊与任务 4.2 一样，要保证焊缝背面成形、焊脚尺寸和焊缝美观。与任务 4.2 不同的是焊接位置不同，该任务为骑座式管板水平固定，焊缝需全位置焊接。在全位置焊接过程中，会遇到由仰焊转换到立焊再转换到平焊操作，增加了操作难度，是管板接头焊接中操作难度较大的一个项目。在施焊过程中，要求焊条角度随着焊接位置的变化而不断调整，确保填充金属与试件熔合，防止出现未焊透、焊瘤、咬边等缺陷。

根据试件的厚度，确定焊脚尺寸为 8mm，需要焊接三层：打底层（1 道）、填充层（1 道）、盖面层（1 道）。

二、任务准备

1. 电焊机及辅助工具

辅助工具增加直角尺，其他同任务 3.1。

2. 焊接参数制定

骑座式管板水平固定全位置焊焊接参数见表 7-3。

3. 装配

同任务 4.2。

表 7-3　骑座式管板水平固定全位置焊焊接参数

焊道分布	焊条型号	焊接层次		焊条直径 /mm	焊接电流 /A	电源极性
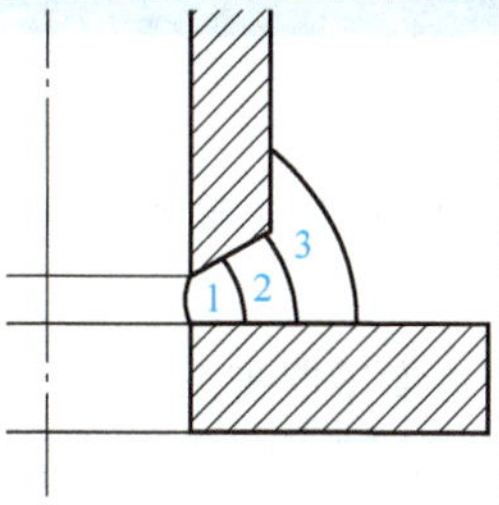	E5015（J507）（经 350～400℃烘干，保温 1～2h，随取随用）	打底（第 1 道）	灭弧法	2.5	70～85	直流反接
		填充（第 2 道）	连弧法	3.2	90～100	
		盖面（第 3 道）	连弧法	3.2	90～110	

注：装配时焊接电流为 110～120A（焊条直径为 ϕ3.2mm）。

三、任务实施

1. 打底层

骑座式管板水平固定全位置焊打底焊，可以采用灭弧法，也可以采用连弧法。初学者可以采用灭弧法练习。焊接时，沿着管板垂直中心线将焊缝分成左右两半圈，右半圈沿逆时针方向，左半圈沿顺时针方向，自下而上进行施焊。按个人习惯，先焊左侧或者先焊右侧都可以，引弧和收弧部位，都要超过垂直中心线 5～10mm，如图 7-4 所示。

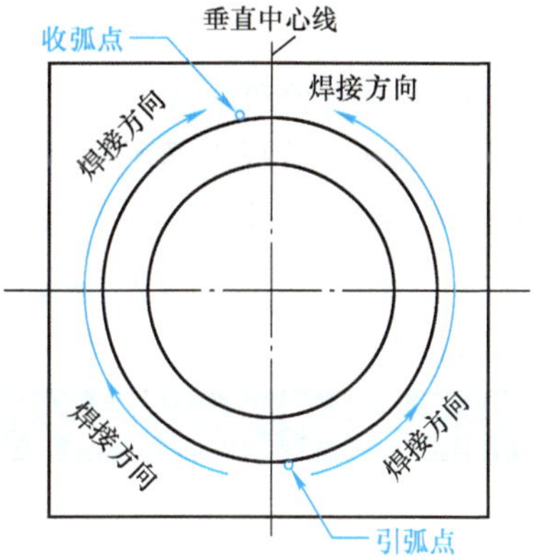

图 7-4　打底焊焊接方向

焊接时焊条与底板成 50°～60° 夹角，保证板侧焊缝熔合良好，避免烧穿管侧坡口。焊条与焊接方向的夹角则需要随着焊接位置的变化而不断调整，保持为 60°～70°（与任务 7.1 同）。

在试件最下方的仰焊位置引燃电弧，小锯齿形摆动 3～4 个往返，使试件充分预热后熄灭电弧，待熔池温度下降、颜色较暗时，迅速在未凝固的熔池边缘再次引燃电弧，在坡口装配间隙处稍作停顿或小幅摆动。电弧的 1/3 在根部打孔，形成新的熔孔后再次熄弧，每次引弧的位置要准确，后一个熔池要覆盖前一个熔池 2/3 左右，短弧施焊，确保根部熔透。焊接速度不宜过快，接头时，在弧坑前面引燃电弧并略微摆动，填满弧坑后，压低电弧，顶至焊缝根部，当背面传来电弧穿透的声音时，说明已焊透，恢复前面的焊接步骤即可。如此反复形成焊缝，直至焊接到最上端的平焊位置时，即完成了半周的操作。重复前面的操作过程，对另一个半圈进行焊接，施焊完成后即完成了打底层焊接。

2. 填充层

填充层焊接采用连弧法，焊条摆动的幅度比打底层焊接时稍宽。焊条角度和打底层焊接时基本相同。在焊接时，焊条摆动幅度和间距应更加均匀，确保焊缝平整。填充层焊接完成后，将焊道清理干净。

3. 盖面层

填充层焊接时，焊条角度、运条方式和填充层焊接时的相同。需要注意的是，盖面层焊接时，焊条摆动幅度和间距应更加均匀，电弧在焊缝两侧边缘时应稍有压低和停顿，以防止咬边。盖面层焊接完成后，将试件表面焊渣、飞溅等清理干净，使焊缝成形更加美观。

关键技术点拨

骑座式管板水平固定全位置焊的关键技术主要有以下两点：

第一，在焊接过程中，要把握熔池金属在不同位置的流动特性，更要保证整圈焊缝宽度一致。

第二，注意操作时通过手腕运动，带动焊条前端在横向摆动时的角度不断变化。

4. 试件及现场清理

将焊好的试件用敲渣锤除去药皮渣壳，再用钢丝刷反复拉刷焊道，除去焊缝表面及附近的细小飞溅和灰尘。注意不得破坏试件原始表面，不得用水冷却。操作结束后，整理工具及设备，关闭电源，上交剩余焊条，清理场地，将电缆线盘好，做到安全文明生产，并填写交班记录。

四、任务评价和总结

根据骑座式管板焊缝评分表（表 7-4）按照附录相应评分标准对试件进行质量检查，由学生自检、学生之间互检、指导教师检查（专检）。

表 7-4 骑座式管板焊缝评分表（水平固定全位置焊）

操作者： 操作日期： 年 月 日

考核项目	分值	自检评分	互检评分	专检评分	备注
裂纹	8 分				
表面单个气孔	4 分				
未熔合	12 分				
未焊透	10 分				
咬边	10 分				
焊缝高低差	5 分				
表面成形	5 分				
焊缝凸度	8 分				
夹渣	8 分				
角焊缝不对称	5 分				
角焊缝厚度不足	5 分				
通球 0.85Di	10 分				
安全文明	10 分				
合计	100 分				

注：评分表可复印使用。

学习过程记录卡

班级		学习开始时间	年　月　日
姓名		学习完成时间	年　月　日
学习笔记			
学习心得			
学习总结			

任务 7.3　管对接水平固定焊

一、任务布置

1. 工作任务描述

1）掌握管对接水平固定单面焊双面成形操作要领。

2）制定装焊方案。

3）选择焊接参数。

4）按焊接安全、清洁、环境和焊接工艺要求完成焊接操作，制作合格的工件。

5）对工件进行质量检测。

2. 施工图

管对接水平固定单面焊双面成形施工图如图 7-5 所示。

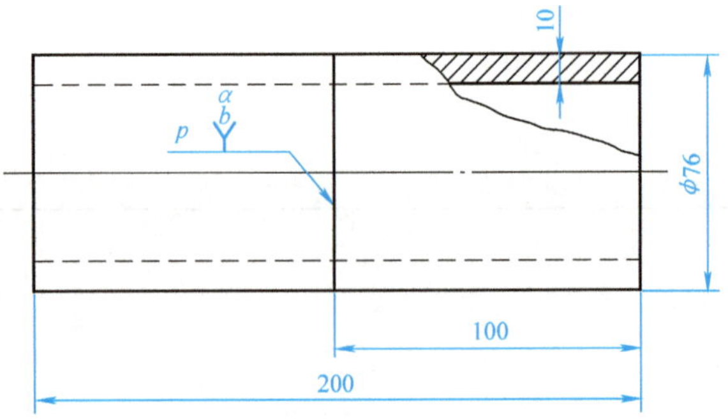

技术要求

1. 试件材料：Q235A。

2. 焊缝根部间隙 b=2.5～3.2，钝边 p=0.5～1，坡口角度 α=60°± 2°。

图 7-5　管对接水平固定单面焊双面成形施工图

微课：
管对接水平
固定焊

3. 任务解析

管对接水平固定焊又称为管对接全位置焊接，在焊接过程中要经历仰焊、立焊和平焊三个位置，难度较大。焊接时，熔滴和熔池金属在重力作用下容易下淌，为了在焊接过程中有效地控制熔池大小和熔池温度，减少和防止液态金属下淌而产生焊瘤，一般采用较小的焊接参数。同时，在不同的焊接位置采用不同的焊接方法，焊条角度随焊缝曲率变化而不断变化，焊条与管子切线方向成 80° ~ 90°，焊缝分两个半周自下而上完成。

二、任务准备

1. 电焊机及辅助工具

同任务 3.1。

2. 焊接参数制定

管对接水平固定单面焊双面成形焊接参数见表 7-5。

3. 备料

同任务 4.3。

4. 装配

同任务 4.3。

表 7-5　管对接水平固定单面焊双面成形焊接参数

焊道分布	焊条型号	焊接层次		焊条直径/mm	焊接电流/A	电源极性
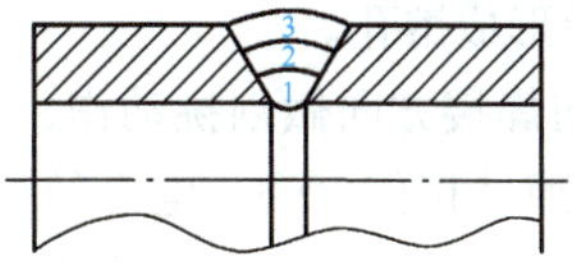	E5015（经 350～400℃烘干，保温 1～2h，随取随用）	打底（第 1 道）	灭弧法	3.2	110～120	直流反接
		填充（第 2 道）		3.2	100～115	
		盖面（第 3 道）		3.2	100～115	

注：装配时焊接电流为 110～120A（焊条直径为 ϕ3.2mm）。

三、任务实施

1. 打底层

（1）基本操作　将装配好的管件水平夹持固定在工艺装备上（距离地面约 600mm），确保管件轴线处于水平位置，间隙大的一端在下（6 点钟位置）。以截面垂直中心线为界分成两部分，先焊的一半称为右半周，后焊的一半称为左半周，从下到上施焊，先沿逆时针方向焊右半周，后沿顺时针方向焊左半周；每半周的引弧和收弧部位要超过管子中心线 5～10mm，施焊时焊条前倾角随着焊接位置而变化，如图 7-6 所示。初学者一般采用灭弧法焊接，仰焊部位节奏为 35～40 次 /min，灭弧时间约 0.8s，焊条向上要顶送深一些，尽量采用短弧，托住铁液并用电弧击穿焊缝根部，形成熔孔；立焊和平焊部位速度要稍快一些，避免产生焊瘤缺陷。接头采用热接法或冷接法。热接法时更换焊条速度要快；冷接法施焊前，应将收弧处打磨成缓坡状。

技能视频：
管对接水平固定焊打底

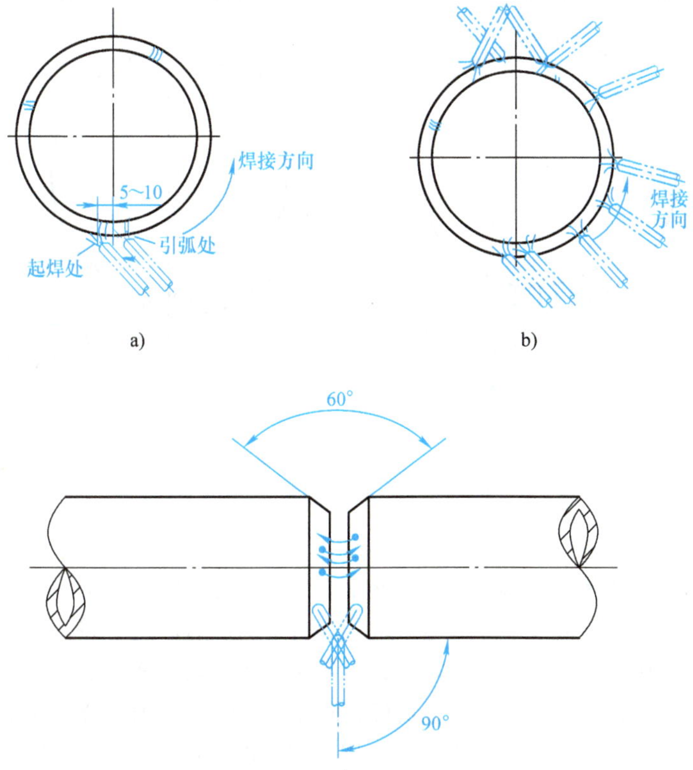

图 7-6　打底层焊接焊条角度和运条方法

（2）技能技巧

1）起焊时，应注意避免在坡口或对口中心引弧，以避免造成缺陷。可以采用划擦法在坡口内的一侧坡口面上引燃电弧到根部，稍停顿后横向摆动至另一侧，2 ~ 3 个根部横向摆动之后“搭桥”完成，随即电弧向坡口根部顶送，熔化并击穿根部后形成熔孔。

2）采用一点击穿断弧焊法向上施焊。当熔孔形成后，焊条向焊接方向做划挑动作，迅速灭弧；待熔池变暗，在未凝固的熔池边缘重新引弧，在坡口间隙处稍作停顿，电弧的 1/3 击穿根部，新熔孔形成后再熄弧。焊接过程中，每次引弧的位置要准确，给送熔滴要均匀，断弧要果断，控制好熄弧和再引弧的时间。

3）控制好电弧顶送深度。仰焊位置焊接时，焊条向上顶送深些，尽量压低电弧；立焊和平焊位置焊接时，焊条向坡口根部压送深度要比仰焊时浅。

4）平焊位置封闭焊道接头时，焊缝端部应先打磨成缓坡状；焊至焊缝缓坡底部时，向坡口根部压送电弧、稍作停顿；根部熔透后，焊过右半周焊缝 10mm，填满弧坑后熄弧。

2. 填充层

技能视频：管对接水平固定焊填充

（1）基本操作　填充层施焊前，先将打底层焊缝表面的焊渣、飞溅清理干净，并用钢丝刷清理焊缝表面，使焊缝露出金属光泽。焊接过程中严格采用短弧，焊条角度也要相应变化，运条速度要均匀（采用连弧法锯齿形或月牙形运条），摆动幅度要小，在坡口两侧稍稍停顿稳弧，使坡口边缘熔合良好，防止产生咬边、未熔合和焊瘤等缺陷。

（2）技能技巧　填充层焊接时先焊左半周，后焊右半周（与打底焊相反），从下到上施焊。每半周的引弧和收弧部位要超过管子中心线，如图 7-7 所示。

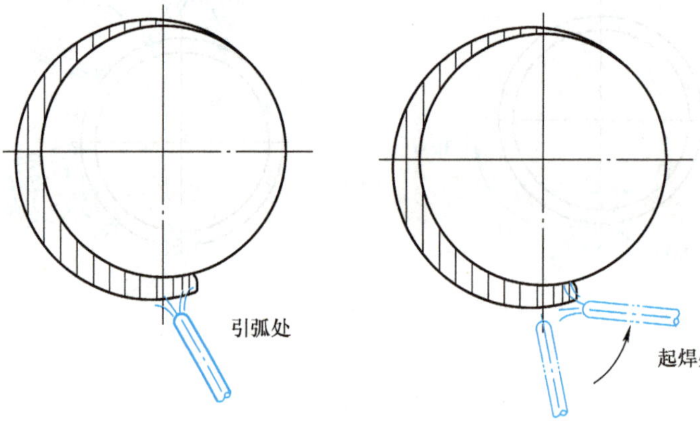

图 7-7　填充层焊接左半周引弧和起焊位置示意图

3. 盖面层

技能视频：管对接水平固定焊盖面

（1）基本操作　盖面层施焊前，先将填充层焊缝表面的焊渣、飞溅清理干净。采用连弧法锯齿形或月牙形运条，先焊右半周，后焊左半周，引弧、起焊位置同打底层。焊接过程中严格采用短弧，运条速度要均匀，摆动幅度要小，在坡口两侧稍稍停顿稳弧，使坡口边缘熔合良好，防止产生咬边、未熔合和焊瘤等缺陷。

（2）技能技巧　左半周与右半周在焊仰焊位置接头时，应先将右半周起头部位打磨成缓坡状，然后在缓坡前方 10mm 左右引弧，短弧操作至接头部位，此时焊条轴线基本接近垂直位置，然后再将焊条角度逐渐恢复至正常角度，开始正常焊接。

关键技术点拨——管对接水平固定单面焊双面成形操作经验

管对接水平固定单面焊双面成形的焊接过程是从下面到上面，要经过仰焊、立焊、平焊等几种焊接位置，是一种难度较大的操作。焊接时金属熔池所处空间位置不断变化，焊条角度也随焊接位置的变化而不断调整。打底焊一般采用一点击穿灭弧法进行焊接，操作经验可归纳为：看、稳、准、匀。

（1）看　看熔池位置并控制大小。

（2）稳　身体放松、呼吸自然，手部动作幅度小而稳。

（3）准　点固焊位置准确，焊条角度准确。

（4）匀　焊缝波纹均匀、焊缝宽度均匀、焊缝高低均匀。

4. 试件及现场清理

将焊好的试件用敲渣锤除去药皮渣壳，再用钢丝刷反复拉刷焊道，除去焊缝表面及附近的细小飞溅和灰尘。注意不得破坏试件原始表面，不得用水冷却。操作结束后，必须整理工具及设备，关闭电源，回收焊条，清理场地，将电缆线盘好，做到安全文明生产，并填写交班记录。

四、任务评价和总结

根据管对接评分表（表 7-6）按照附录相应评分标准对试件进行质量检查。由学生自检、学生之间互检、指导教师检查（专检）。

表 7-6　管对接评分表（水平固定焊）

操作者：　　　　　　　　　　　　　　　　操作日期：　　年　　月　　日

考核项目	分值	自检评分	互检评分	专检评分	备注
裂纹	8 分				
表面单个气孔	4 分				
未熔合	12 分				
未焊透	10 分				
咬边	10 分				
焊缝余高（正 / 背）	5 分				
焊缝高低差	4 分				
表面成形	4 分				
夹渣	8 分				
焊穿	10 分				
焊缝单侧增宽	5 分				
通球 0.85Di	10 分				
安全文明	10 分				
合计	100 分				

注：评分表可复印使用。

学习过程记录卡

班级		学习开始时间	年　月　日
姓名		学习完成时间	年　月　日
学习笔记			
学习心得			
学习总结			

任务 7.4 管对接 45° 倾斜固定焊

一、任务布置

1. 工作任务描述

1）掌握管对接 45° 倾斜固定位置单面焊双面成形操作要领。

2）制定装焊方案。

3）选择焊接参数。

4）按焊接安全、清洁、环境和焊接工艺要求完成焊接操作，制作合格的工件。

5）对工件进行质量检测。

2. 施工图

管对接 45° 倾斜固定位置单面焊双面成形施工图如图 7-8 所示。

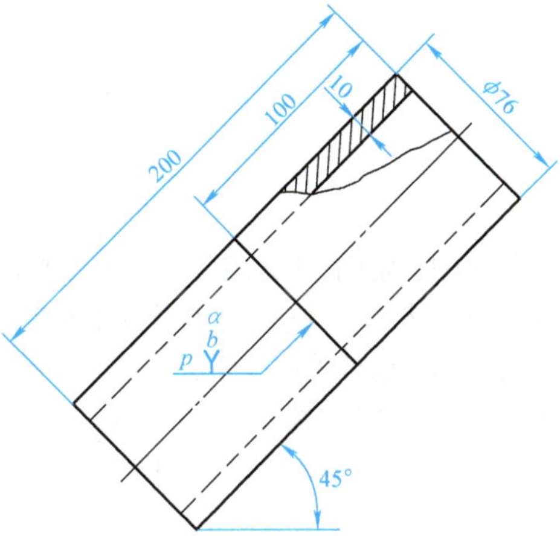

技术要求

1.试件材料：Q235A。

2.焊缝根部间隙b=2.5～3.2，钝边p=0.5～1，坡口角度α=60°±2°。

图 7-8 管对接 45° 倾斜固定位置单面焊双面成形施工图

微课：管对接45°倾斜固定焊

3. 任务解析

管对接 45° 倾斜固定位置单面焊双面成形，即管子轴线与水平面成 45° 倾斜角，焊接时管子不转动，介于水平固定和垂直固定位置之间，难度较大。倾斜位置焊接是锅炉、压力容器、管道焊工必须熟悉与掌握的一项重要技能。

焊接时，管子分成两个半周进行（引弧、收弧位置同任务 7.3），每个半周都包括斜仰焊、斜立焊和斜平焊三种位置。

二、任务准备

1. 电焊机及辅助工具

同任务 3.1。

2. 焊接参数制定

管对接 45° 倾斜固定位置单面焊双面成形焊接参数见表 7-7。

3. 备料

同任务 4.3。

表 7-7 管对接 45° 倾斜固定位置单面焊双面成形焊接参数

焊道分布	焊条型号	焊接层次	焊条直径 /mm	焊接电流 /A	电源极性
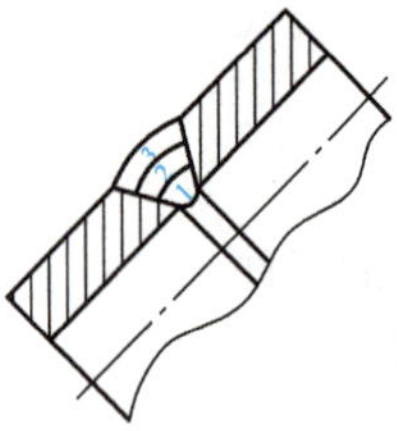	E5015（经 350 ~ 400℃烘干，保温 1 ~ 2h，随取随用）	打底（第 1 道）	2.5	75 ~ 85	直流反接
		填充（第 2 道）	3.2	100 ~ 110	
		盖面（第 3 道）	3.2	100 ~ 110	

注：装配时焊接电流为 110 ~ 120A（焊条直径为 ϕ3.2mm）。

4. 装配

同任务 4.3。

三、任务实施

1. 打底层

（1）基本操作　将装配好的管件夹持固定在工艺装备上（距离地面约 600mm），钢管的轴线与水平面的夹角为 45°（图 7-9），间隙大的一端在下。与管水平固定焊类似，将管子分成左、右两半周焊接。打底焊可以采用连弧法，也可采用灭弧法。在仰焊部位上坡口面上引弧至根部，稍作停顿，再摆动至下坡口根部钝边位置，往复 2 ~ 3 个动作形成“搭桥”后，电弧向上顶送，形成熔孔。采用连弧法焊接时，采用斜锯齿形运条，横向摆动，向上施焊。接头采用热接法或冷接法，热接法时更换焊条速度要快，冷接法施焊前，应将收弧处打磨成缓坡状。

操作技能：
管对接45° 倾斜
打底

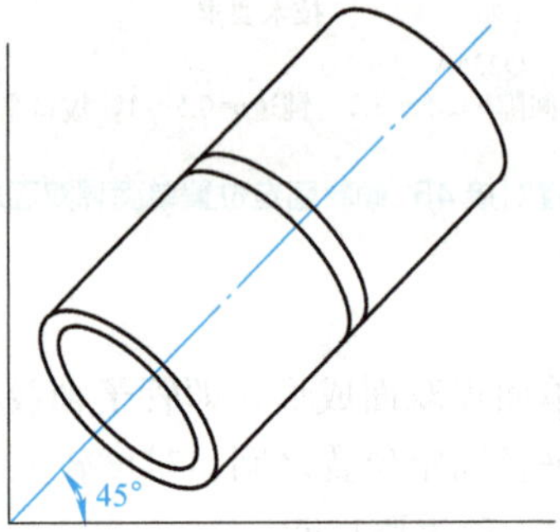

图 7-9　管对接 45° 倾斜固定位置单面焊双面成形位置

打底层焊接完成后，应用敲渣锤清除焊渣，并用钢丝刷清理焊缝表面，使焊缝露出金属光泽，为下道焊接做好准备。

（2）技能技巧

1）斜仰焊及下爬坡焊时，应压住电弧做横向摆动运条，运条幅度要小、速度要快。如图 7-10a 所示，随着焊接向上进行，焊条角度变大，到达斜立焊时焊条与管子切线的夹角为 90°。

2）电弧在上坡口根部停留时间比在下坡口停留时间长些，上坡口根部熔化 1.0 ~ 1.5mm，下坡口根部熔化 0.5 ~ 1.0mm。熔孔呈斜椭圆形，如图 7-10b 所示。

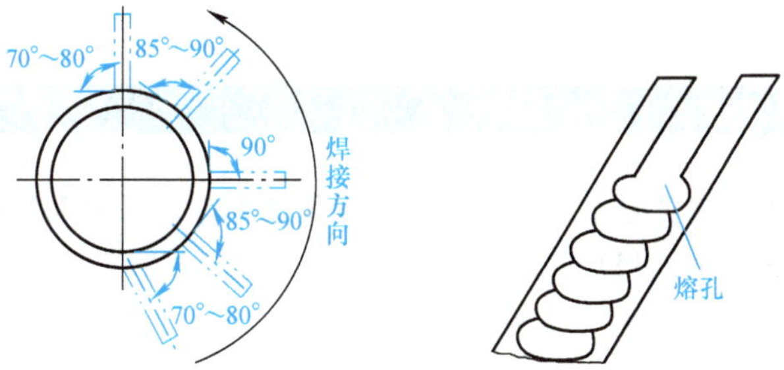

a)　　b)

图 7-10　打底层焊接焊条角度和熔孔形状

a）焊条角度　b）熔孔形状

3）后半周焊接前，先将前半周焊缝头部打磨成缓坡，距缓坡 5 ~ 10mm 处引弧，焊到缓坡底部，压送电弧、形成熔孔，再按前半周操作方法向上施焊。

4）将前焊道端头打磨成缓坡状，当焊到缓坡底部时，压低电弧，略作停顿，熔透根部，再焊过前半周焊缝 10mm。

2. 填充层

（1）基本操作　在焊填充层前，先敲净打底层焊道上的焊渣，并将焊道局部凸起处磨平。熔池形成后，采用连弧法斜锯齿形运条、横向摆动、短弧、向上连续施焊，焊条角度同打底层焊接。

（2）技能技巧　填充层焊接时，焊接顺序与打底层焊接时的顺序相反，从而避开打底层接头位置。若打底层先焊左半周、后焊右半周，则填充层先焊右半周、后焊左半周。

操作技能：
管对接45°倾斜填充

3. 盖面层

（1）基本操作　在焊盖面层前，先敲净填充层焊道上的焊渣，并将焊道局部凸起处磨平。熔池形成后，采用连弧法斜锯齿形运条、横向摆动、短弧、向上连续施焊，焊条角度同打底层焊接。

（2）技能技巧

1）在前半周焊道起头处的上坡口开始焊接，向右带至下坡口，斜锯齿形运条，起头处呈尖角斜坡形状；后半周焊缝从尖角下部开始焊接，由短到长斜锯齿形运条向上焊接。

2）盖面焊斜平焊位置接头和运条方法。焊到上部，要使焊缝呈斜三角形，并焊过前半周焊缝 10 ~ 15mm；后半周焊缝与前半周焊缝收弧处应呈尖角形、斜坡状吻合。运条方法如图 7-11 所示。

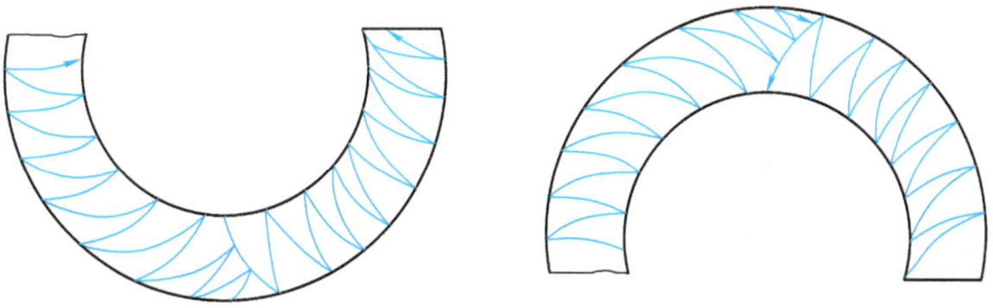

a)　　b)

图 7-11　运条方法

操作技能：
管对接45°倾斜盖面

关键技术点拨

管对接 45° 倾斜固定位置单面焊双面成形焊接操作时，必须采用短弧，选择合适的焊条角度，电流比平焊时小 15%～20%。

填充焊道和盖面焊道宜采用斜锯齿形摆动焊接，并在坡口两侧略作停顿进行稳弧，以保证两侧熔合良好。

仰焊部位熔池应尽可能小一些、薄一些，并确保与母材熔合良好。第一层打底焊道采用短电弧做前后推拉动作。推荐使用连弧法进行焊接操作。

4. 试件及现场清理

将焊好的试件用敲渣锤除去药皮渣壳，再用钢丝刷反复拉刷焊道，除去焊缝表面及附近的细小飞溅和灰尘。注意不得破坏试件原始表面，不得用水冷却。操作结束后，整理工具及设备，关闭电源，回收焊条，清理场地，将电缆线盘好，做到安全文明生产，并填写交班记录。

四、任务评价和总结

管对接评分表（表 7-8）按照附录相应评分标准对试件进行质量检查。由学生自检、学生之间互检、指导教师检查（专检）。

表 7-8　管对接评分表（45° 倾斜固定焊）

操作者：　　　　　　　　　　　　　　操作日期：　　年　　月　　日

考核项目	分值	自检评分	互检评分	专检扣分	备注
裂纹	8 分				
表面单个气孔	4 分				
未熔合	12 分				
未焊透	10 分				
咬边	10 分				
焊缝余高（正 / 背）	5 分				
焊缝高低差	4 分				
表面成形	4 分				
夹渣	8 分				
焊穿	10 分				
焊缝单侧增宽	5 分				
通球 0.85Di	10 分				
安全文明	10 分				
合计	100 分				

注：评分表可复印使用。

学习过程记录卡

班级		学习开始时间	年 月 日
姓名		学习完成时间	年 月 日
学习笔记			
学习心得			
学习总结			

任务 7.5 典型焊接组合件的装配与焊接

一、任务布置

1 . 工作任务描述

1）掌握典型组合件的装配和焊接操作要领。

2）会制定组合件装焊方案。

3）会使用装配相关工具，选择焊接参数。

4）按焊接安全、清洁、环境和焊接工艺要求完成组合件的制作。

5）对工件进行质量检测。

2. 施工图

焊接组合件的装配与焊接施工图如图 7-12 所示。

3. 任务解析

典型焊接组合件的装焊是焊工技能竞赛中常见的一类竞赛项目。该典型组合件是长 × 宽 × 高为 440mm × 390mm × 238mm 的箱体结构，带有空间位置的 T 形、十字形和角接接头焊接，涵盖平、横、立、仰四个位置的焊接，是考查焊工装配、焊接技能的一个典型产品。该组合件采用整装整焊，容易保证整体的刚性，从而能很好地解决变形问题，但由于各零件下料精度及装配误差，接头形式和焊接位置较多，焊接过程中会产生很大的焊接变形，导致组合件尺寸的精度难以保证。在确保零件备料精度的同时，要合理安排焊接顺序，并选择正确的焊接参数，以控制变形，保证组合件的尺寸精度。

二、任务准备

1. 零件检查

按施工图中的明细表，检查零部件的数量、尺寸和外形。

2. 辅助工具

准备好打磨机、敲渣锤、錾子、锉刀、钢丝刷、钢直尺、游标卡尺和焊缝检验尺。除上述工具外，组合件装配时还会用到石笔、粉线、角直尺等。

三、任务实施

微课：
典型组合件的装配

1. 组合件的装配

（1）部件组对

1）右侧板组对。将 B、C 两块试板进行组对装配，坡口间隙为 2.5 ~ 3mm，定位焊焊缝在坡口两端，焊缝长度 $L < 10$mm，熔透，工件无错边、角变形，焊缝与试板端面平整，如图 7-13 所示。

2）左侧板组对。将 D、E 两块试板进行组对装配，坡口间隙为 2.5 ~ 3mm，定位焊焊缝在坡口两端，焊缝长度 $L < 10$mm，焊缝与试板端面平整，工件无错边、角变形，如图 7-14 所示。

3）前斜挡板组对。板 G 与管 H 组对，装配时以板上的孔为基准，管的内径与孔同心，进行定位焊，均匀分布 3 点，焊脚尺寸 $K \leqslant 3$mm，如图 7-15 所示。

（2）总装

1）放样划线。将底板（A）作为组合件装配基准，按施工图尺寸在底板（A）上面进行放样划线，分别划出后挡板（J）、右侧板（B+C）、左侧板（E+D）、前斜板（G）的位置线。

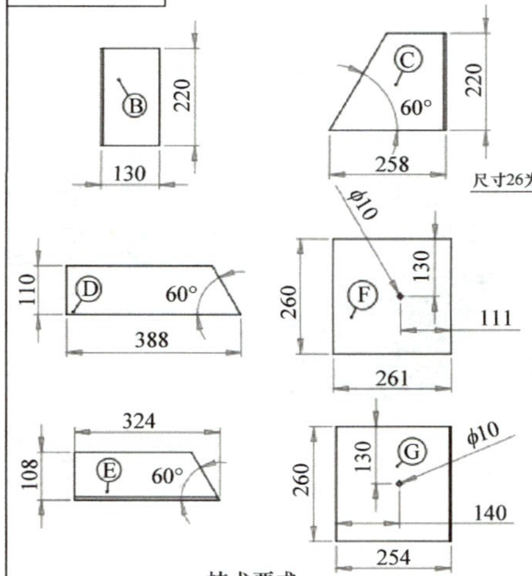

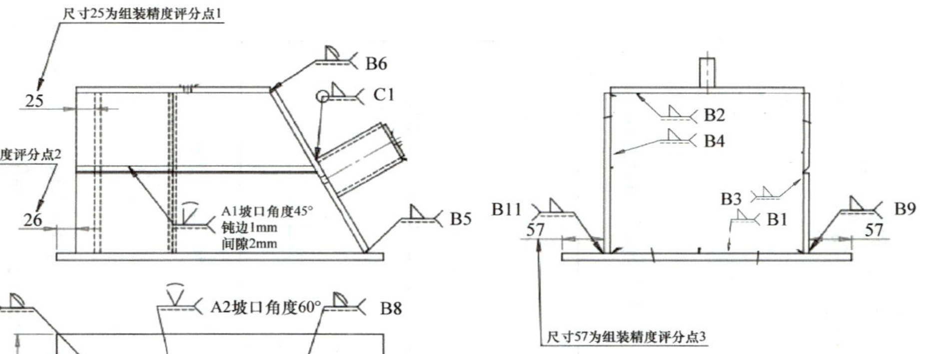

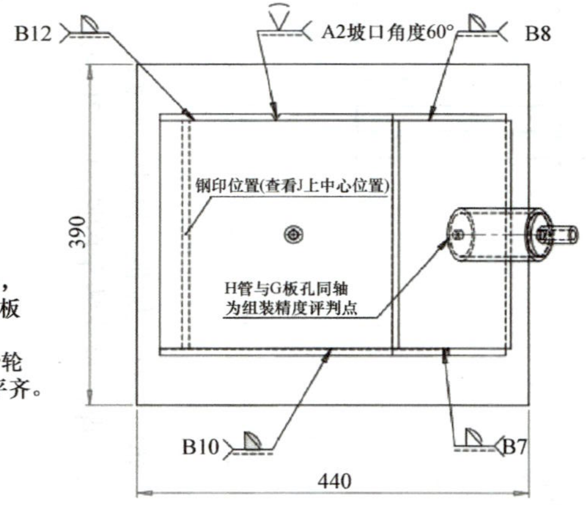

技术要求：

1. A1对接焊缝在E板侧开单边45°坡口，钝边1mm，组对间隙2mm，E板上端和其他边应平齐，保证F板水平，D板侧不开坡口；
2. A2对接焊缝开V坡口坡口角度60°，使用手动砂轮机磨出钝边自留间隙，组对后保证后侧端与B板平齐。

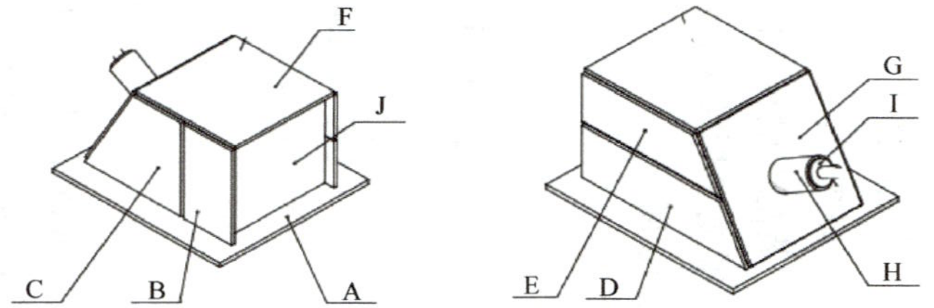

项目号	数量	说明
A	1	440长×390宽×10厚低碳钢钢板
B	1	厚度8mm低碳钢钢板
C	1	厚度8mm低碳钢钢板
D	1	厚度8mm低碳钢钢板
E	1	厚度8mm低碳钢钢板
F	1	厚度8mm低碳钢钢板
G	1	厚度8mm低碳钢钢板
H	1	ϕD60外径×5厚×100长 低碳钢钢管
I	1	ϕD50外径×5厚低碳钢钢板ϕ10中心孔
J	1	260长×220宽×8厚 低碳钢钢板

典型焊接组合件			
项目	焊接		
作图		日期	
容器			ISO E

图 7-12 焊接组合件的装配与焊接施工图

为保证装配尺寸精度，放样线为外框边线，如图 7-16 所示。

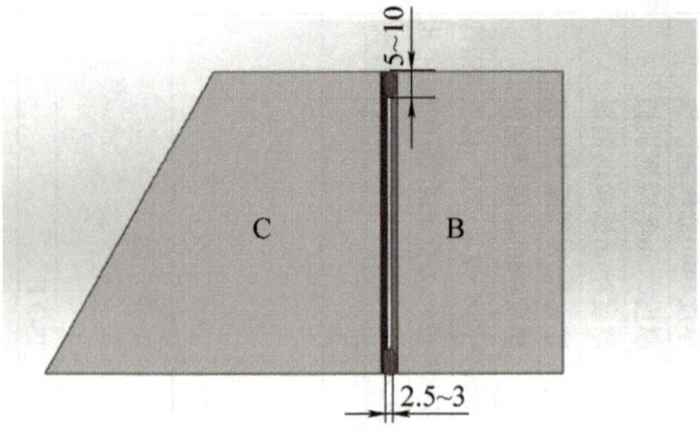

图 7-13　右侧板组对

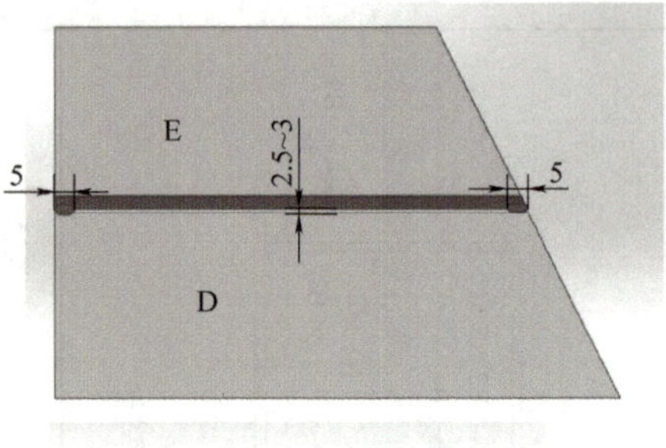

图 7-14　左侧板组对

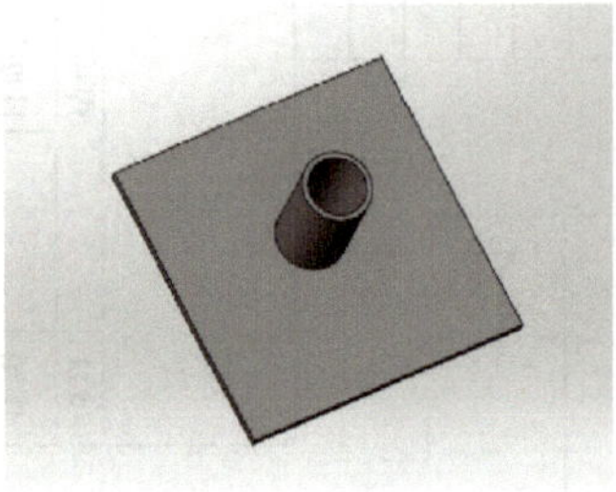

图 7-15　前斜挡板组对

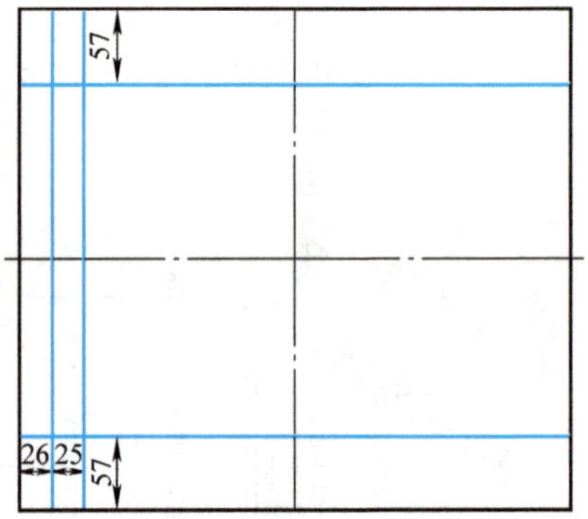

图 7-16　放样划线

2）装配后挡板（J)。靠线装配后挡板（J)，与底板的垂直度采用直角尺测量，进行定位焊，定位焊焊缝长度 $L<10$mm，如图 7-17 所示。

3）装配左侧板（D+E)。靠线装配左侧板（D+E)，与底板的垂直度采用直角尺测量，与后挡板形成 T 形接头，进行定位焊，避开转角的距离 > 30mm，定位焊焊缝长度 $L\leqslant 10$mm，如图 7-18 所示。

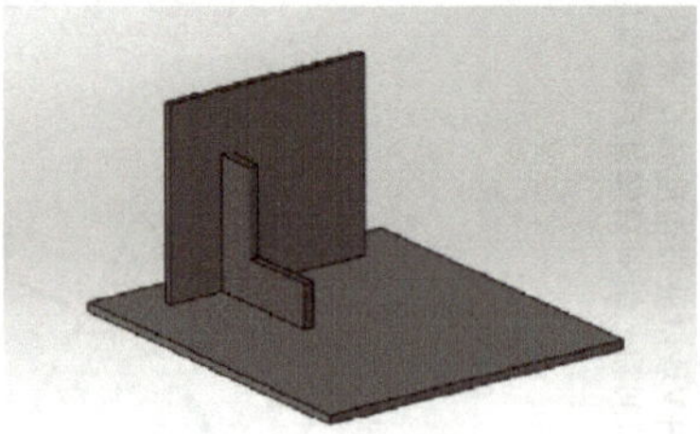

图 7-17　装配后挡板

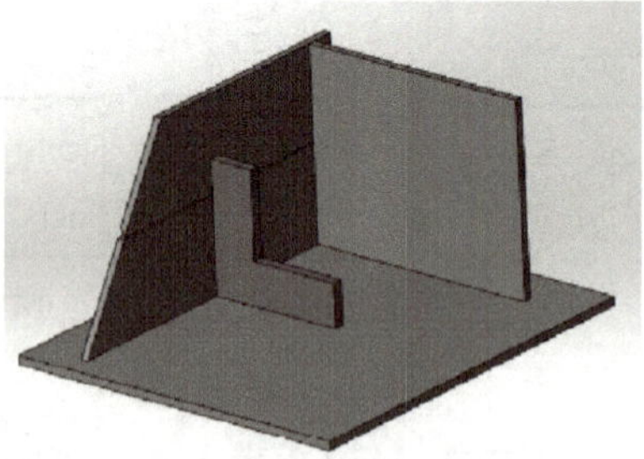

图 7-18　装配左侧板

4）装配右侧板（B+C)。靠线装配右侧板（B +C)，与底板的垂直度采用直角尺测量，与后挡板也形成 T 形接头，进行定位焊，避开转角的距离 > 30mm，定位焊焊缝长度 $L\leqslant 10$mm，如图 7-19 所示。

5）装配前斜挡板（G)。装配前斜板（G）前，先检查左、右侧板的装配位置和垂直度，确定尺寸无误后，将前斜板轻靠在侧板斜面上，底板（A）与前斜板（G）中心线对齐。检查前斜板与左、右侧板之间的间隙，保证前斜板两侧与左、右侧板斜面平齐，同时修配前斜板上端面，使其与后板、左右侧板端面平齐。位置固定后进行定位焊，避开转角的距离 > 30mm，定位焊焊缝长度 $L \leqslant 10$mm。如图 7-20 所示。

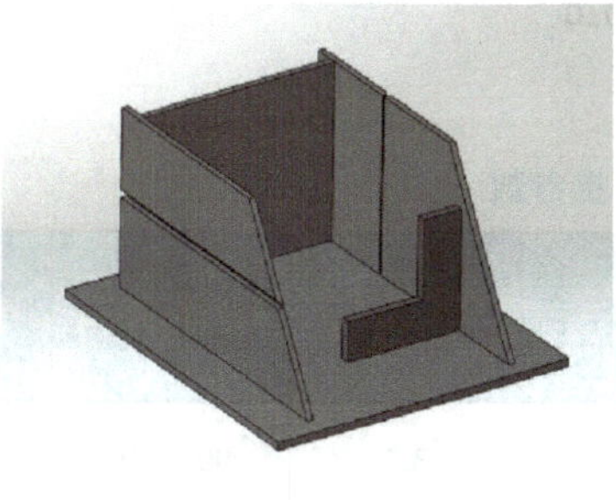

图 7-19　装配右侧板

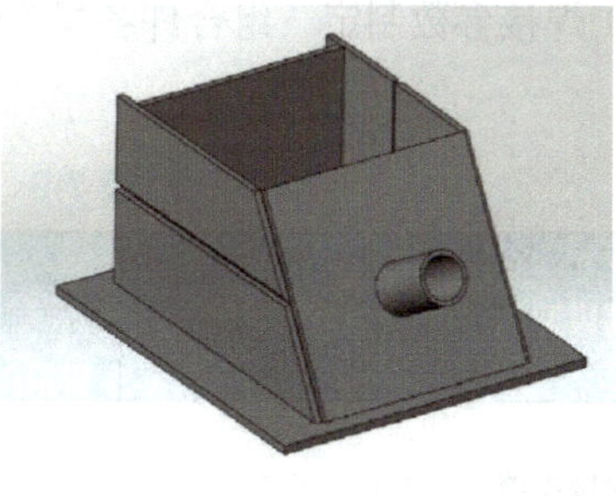

图 7-20　装配前斜挡板

6）装配顶板（F）。顶板与后挡板、左右侧板、前斜挡板的接头形式均为角接接头。顶板的装配是整个组合件尺寸质量控制的关键，装配时要控制好顶板（F）与底板（A）的平行度，进行定位焊时，避开转角的距离 > 30mm，定位焊焊缝长度 $L \leqslant 10$mm，如图 7-21 所示。

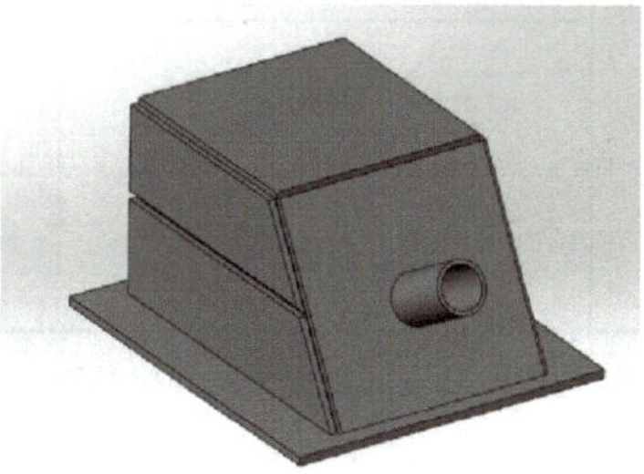

图 7-21　装配顶板

（3）试件装配检验　按施工图要求，对组合件进行垂直度、平行度测量和尺寸检验。

2. 组合件的焊接

（1）焊缝分布　组合件分布有 15 条焊缝，如图 7-22 所示。有 2 条对接焊缝（用 A 表示，称为 A 类焊缝）：左侧侧板的横对接焊缝 A1，右侧侧板的立对接焊缝 A2；12 条角接焊缝（用 B 表示，称为 B 类焊缝）：后挡板上 4 条（B1、B2、B3、B4），前斜板上 4 条（B5、B6、B7、B8），左侧板上 2 条（B9、B10），右侧板上 2 条（B11、B12）；1 条管板角焊缝（用 C 表示，称为 C 类焊缝）：前斜板上的斜 45° 管板角焊缝 C1。焊接位置有平、横、立、仰四个位置。

微课：
典型组合件的焊接

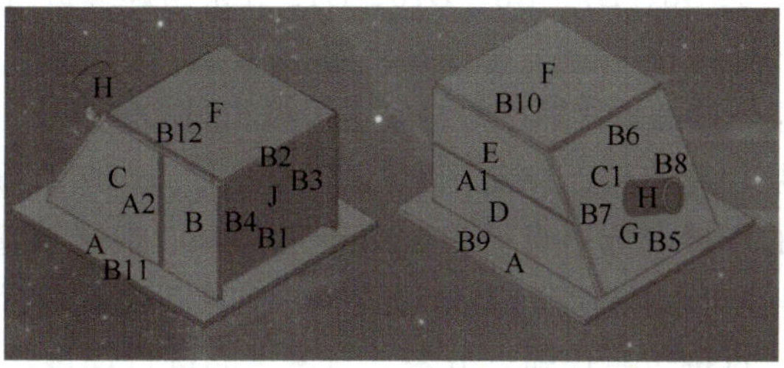

图 7-22　焊缝分布

（2）技术要求 B类角焊缝中，顶板、前斜板与左右两侧侧板组合成的B6、B7、B8、B10、B12五条角焊缝，焊接时要求焊满，将母材两侧的棱边包住，形成焊缝与母材的圆滑过渡。根据组合件板厚，其他的角焊缝焊脚尺寸为8～10mm，采用多层多道焊，焊缝成形表面以平或略凹为好。

（3）焊接参数制定 组合件各焊缝焊接参数见表7-9。

表7-9 组合件各焊缝焊接参数

焊缝类型	焊条型号	焊接层次		焊条直径/mm	焊接电流/A	电源极性
A类对接焊缝 管板45°接头	E5015 （J507） （经350～400℃烘干，保温1～2h，随取随用）	打底层	灭弧法	3.2	90～110	直流反接
				2.5	75～85	
B类角焊缝 管板45°接头		打底层	连弧法	3.2	100～120	
				2.5		
所有焊缝		填充		3.2	*	
		盖面		3.2	*	

注："*"参考所有前任务中不同焊接位置所对应焊接接头的焊接参数。

（4）施焊 组合件的焊接分为四个步骤：打底、填充、盖面、管板45°接头的焊接。

1）打底层。A1（横焊）、A2（立焊）焊缝打底焊均采用灭弧法其操作技能与板对接横焊和板对接立焊单面焊双面成形打底焊相同。

打底焊时，为了减少焊接变形，B类角焊缝可以采用对称施焊，焊接顺序为：A1（横焊）→A2（立焊）→B7→B4→B8→B3→B10→B12→B6→B2→B9→B11→B5→B1。操作技巧参考各焊接位置角焊缝操作技巧。由于焊缝转角较多，为了防止转角处出现焊接缺陷的聚集，保证焊缝成形美观，在施焊时应提前考虑避免把相邻焊缝的引弧和收弧留在转角处。

2）填充层。填充层焊接前，应将打底层焊缝表面清理干净，用砂轮将打底层焊缝的高点、接头等位置打磨平整。根据焊缝尺寸和成形要求，要对A类焊缝的横板对接A1、立板对接A2，以及B类焊缝的B6、B7、B8、B10、B12五条角焊缝进行填充；填充层焊缝的焊接顺序和打底层焊接的焊接顺序相同。操作技巧与相关项目任务相同。

3）盖面层。盖面层焊接的焊接顺序与打底层焊接相同。焊接前，需将填充层焊缝表面清理干净，用砂轮将填充层焊缝的高点、接头等位置打磨平整。操作技巧与相关项目任务相同。

4）管板45°接头的焊接。选用直径为2.5mm的焊条，根据管壁厚度，焊脚尺寸为5～8mm，需焊接两层。焊接45°管板立向上角焊缝时，应从下向上进行焊接，从6点钟左右的位置引燃电弧，焊至12点钟位置熄弧，分左、右两半圈进行焊接。操作技巧与相关项目任务相同。

关键技术点拨

典型组合件的焊接要领

1）采用合理的施焊顺序、较小的焊接参数，以减少热输入，防止焊接变形。

2）引弧和收弧要避开转角位置，防止应力集中。

3）盖面层焊接之前，要将填充层凹凸不平的地方补平整。

3. 装焊检验

（1）外观检测

1）对对接焊缝进行焊缝余高、宽度、宽窄差、未熔合、咬边、气孔、夹渣、角变形等外观质量检查。

2）对角焊缝进行焊脚尺寸、焊缝凸度、咬边、垂直度、层道数、表面气孔、夹渣等外观质量检查。

3）对工件进行焊后尺寸、变形、垂直度等外观质量检查。

（2）水压试验　按产品技术要求或相关标准进行检验。

4. 试件及现场清理

焊接完成后，仔细检查整个结构件，有无漏焊位置，然后用钢丝刷和敲渣锤将焊道清理干净。焊接结束后，必须整理工具及设备，关闭电源，清理场地，做到工完场清，并做好相关记录。

四、任务评价和总结

根据组合件装焊评分表（表 7-10）进行质量检查，由学生自检、学生之间互检、指导教师检查（专检）。

表 7-10　组合件装焊评分表

操作者：　　　　　　　　　　　　　　　　操作日期：　年　月　日

考核项目	分值	自检评分	互检评分	专检评分	评分标准
尺寸	20 分				尺寸误差为 ±1mm
形状	20 分				垂直度、平行度
角焊缝	20 分				参照角焊缝评分标准
对接焊缝	20 分				参照板对接焊缝评分标准
水压检测	20 分				打压不漏水
合计	100 分				

注：检验按图样技术要求执行。

学习过程记录卡

班级		学习开始时间	年　月　日
姓名		学习完成时间	年　月　日
学习笔记			
学习心得			
学习总结			

安全小贴士——防止触电的安全措施

1）检查电焊机和所使用的工具是否安全。

2）电焊机接通电源后，人体不能接触带电部位。

3）应经常检查焊接电缆，保证电缆具有良好的绝缘性。

4）经常检查焊钳，保证焊钳具有良好的绝缘和隔热能力。

5）做好个人防护，戴焊工手套，穿绝缘劳保鞋。

6）在潮湿的环境焊接时，应在脚下垫干燥的木板或橡胶板，以保证绝缘。

7）在夜间或较暗处工作需使用照明灯时，其电压不应超过36V。

8）下班以后，电焊机必须拉闸断电。

9）电焊机的安装、修理和检查应由电工负责，焊工不得擅自拆修。

10）改变电焊机接头、移动工作地点、根据焊接需要改接二次线路、检修电焊机的故障和更换熔体时，必须切断电源。

榜样的故事

"好焊"征服世界——曾正超（四川省五四青年奖章获得者、劳模、中国十九冶集团有限公司焊接工人）

2015年8月16日，第43届世界技能大赛在巴西圣保罗闭幕，焊接项目的冠军领奖台上，一副东方面孔和他手中的五星红旗显得格外夺目，他就是中国"好焊"、时年19岁的曾正超。在此次比赛中，曾正超代表的中国队以焊接项目总分第一的成绩夺得金牌，中国队实现了在世界技能大赛上金牌零的突破。

世界技能大赛有"技能奥林匹克"的美誉，是当今世界地位最高、影响力最大的职业技能竞赛。曾正超小小年纪却练就如此高超技能，与他平时的刻苦训练分不开。

曾正超出生在四川省攀枝花市一个普通的农民家庭，"父母没有给我万贯家财，但却教会我踏实做人、认真做事的道理"。家庭经济条件不好，一心想早点工作为父母分担家庭重任的他，选择了上技工学校。在焊接专业的学生中，曾正超以特别能吃苦著称。艰苦的操作实践训练，反而激发了他的学习兴趣。他逐渐开始对电焊着迷，自身技能水平也不断提升。

从台下到台上，一小步的距离，凝结了曾正超无数个日日夜夜的历练和拼搏，从大山的孩子到世界冠军，这一段看似遥不可及的梦想，被他变成了现实。

被选拔参加技能大赛的集训期间，他每天6:30起床，进行40min以上的体能训练，8:00开始焊接技能训练，基本每天都要训练到晚上十一二点。刚进培训班的时候有50多个人，很快就只剩下了一半。训练的任务非常繁重，曾正超左臂上面全是被焊光灼伤后的疤痕，"这是成长必须要付出的代价。"曾正超腼腆地说。正是因为做了充分的准备，在比赛中，曾正超沉着冷静，在18h之内出色地完成了比赛任务，并接受了焊接成品外部及内部的检验，以绝对优势获得了金牌。

“获奖对于我的人生是激励，希望让更多年轻人看到技能强国的重要性，吸引更多的农村子弟进入职业技能学校读书，用技能本领报效祖国，我也要把我学到的一些技术教给他们，贡献自己的一份力量。”曾正超说。

复习与训练

一、简答题

1. 管对接水平固定焊时，打底、填充、盖面起焊的位置有什么不同？

2. 45° 倾斜固定位置单面焊双面成形包括了哪些位置的焊接？

二、实作训练

1. 根据制定的焊接参数，进行插入式管板水平固定全位置焊实作，并进行自检、互检。

2. 根据制定的焊接参数，进行骑座式管板水平固定全位置焊实作，并进行自检、互检。

3. 根据制定的焊接参数，进行管对接水平固定单面焊双面成形实作，并进行自检、互检。

4. 根据制定的焊接参数，进行管对接 45° 倾斜固定位置单面焊双面成形实作，并进行自检、互检。

5. 根据制定的工艺，对组合件进行装配、焊接实作，并进行自检、互检。

附录　焊条电弧焊外观质量评分参考标准

一、角焊缝评分标准

缺陷名称及考核项目	允许程度	分值	得分标准
裂纹	不允许	10	无裂纹：10 分； 有裂纹：0 分
表面单个气孔	气孔直径 $d \leqslant 0.3s$，且最大为 3mm	2	无缺陷：2 分； 1 个气孔：1 分； 1 个气孔以上或气孔直径超过标准尺寸：0 分
弧坑未焊满	$h \leqslant 0.2a$，且最大为 2mm	10	饱满平整：10 分； 未填满（低于允许程度）：0 分
未熔合	不允许	15	无未熔合：15 分； 有未熔合：0 分
咬边	缺陷深度 $h \leqslant 0.5$mm	10	总长≤ 5mm：10 分； 缺陷总长≤焊缝总长的 10%：5 分； 缺陷总长 > 焊缝总长的 10% 或深度超过允许值：0 分
焊缝凸度	$h \leqslant 1\text{mm} + 0.25a$，且最大为 5mm	5	$h \leqslant 2$mm：5 分； $h \leqslant 3$mm：3 分； $h \leqslant 5$mm：2 分； $h > 5$mm：0 分
焊缝高低差	≤ 2mm	3	高低差≤ 1mm：3 分； 高低差≤ 2mm：1 分； 高低差 > 2mm：0 分
表面成形		10	成形好（光滑）：10 分； 成形一般：5 分； 成形差：0 分
夹渣	不允许	10	无夹渣：10 分； 有夹渣：0 分
角变形	$\theta \leqslant 3°$	5	0° < 角变形≤ 1°：5 分； 1° < 角变形≤ 3°：2 分； 角变形 > 3°：0 分
角焊缝不对称	$h \leqslant 0.2z$，且最大为 2mm	5	在允许程度范围内：5 分； 超过允许程度：0 分
角焊缝厚度不足	$h \leqslant 0.3 + 0.1a$， 且最大为 2mm	5	$h \leqslant 1$mm：5 分； $h \leqslant 2$mm：2 分； 超过允许程度：0 分
安全文明	得分：10 分	10	焊后清理、着装、场地清理等，严重违反安全规则，考核成绩记 0 分
考试用时	考试用时超时		每超 1min 从总分中扣 2 分
合计		100	

注：60 分为合格，100 分为满分，凡有以下否定项视作不合格：①焊缝原始表面破坏；②操作时任意更改试件焊接位置；③焊接时间超出规定 15min；④违规操作。s— 熔深；a— 角焊缝厚度；z— 焊脚尺寸；h—缺陷尺寸（深度或高度）。

二、板对接焊缝评分标准

缺陷名称及考核项目	允许程度	分值	得分标准
表面裂纹	不允许	5	无裂纹：5 分； 有裂纹：0 分
表面单个气孔（正 / 背）	气孔直径 $d \leq 0.3s$，且最大为 3mm	2	无缺陷：2 分； 1 个气孔：1 分； 1 个气孔以上或气孔直径超过标准尺寸：0 分
弧坑未焊满	$h \leq 0.2s$，且最大为 2mm	5	饱满平整：5 分； 未填满（低于允许程度）：0 分
未熔合	不允许	10	无未熔合：10 分； 有未熔合：0 分
咬边	缺陷深度 $h \leq 0.5$mm	8	总长≤ 5mm：8 分； 总长≤焊缝总长度的 10%：4 分； 总长 > 焊缝总长度的 10% 或超过允许深度：0 分
焊缝余高（正 / 背）	$h \leq 1$mm ± $0.25b$，且最大为 5mm	6	$h \leq 1$mm：6 分； $h \leq 3$mm：4 分； $h \leq 5$mm：2 分； $h > 5$mm：0 分
焊缝高低差	≤ 2mm	5	高低差≤ 1mm：5 分； 高低差≤ 2mm：3 分； 高低差 > 2mm：0 分
表面成形		5	成形好（光滑）：5 分； 成形一般：3 分； 成形差：0 分
夹渣	不允许	8	无夹渣：8 分； 有夹渣：0 分
焊瘤	不允许	5	无焊瘤：5 分； 有焊瘤：0 分
焊穿	不允许	8	无焊穿：8 分； 有焊穿：0 分
角变形	$\theta \leq 3°$	5	0° < 角变形≤ 1°：5 分； 1° < 角变形≤ 3°：2 分； 角变形 > 3°：0 分
错边	$h \leq 0.25t$，且最大为 2mm	5	无错边：5 分； 错边量≤ 1mm：3 分； 错边量≤ 2mm：1 分； 操过允许值：0 分
未焊透	不允许	8	无缺陷：8 分； 有缺陷：0 分
焊缝单侧增宽	单侧增≤ 2.5mm	5	单侧增≤ 1.5mm：5 分； 单侧增≤ 2.5mm：3 分； 单侧增 > 2.5mm：0 分
安全文明	得分：10 分	10	焊后清理、着装、场地清理等，严重违反安全规则，考核成绩记 0 分
考试用时	考试用时超时		每超 1min 从总分中扣 2 分
合计		100	

注：60 分为合格，100 分为满分，凡有以下否定项视作不合格：①焊缝原始表面破坏；②操作时任意更改试件焊接位置；③焊接时间超出规定 15min；④违规操作。s—熔深；b—焊缝理论宽度；h—缺陷尺寸（深度或高度）。

三、管对接焊缝评分标准

缺陷名称及考核项目	允许程度	分值	得分标准
裂纹	不允许	8	无裂纹：8 分； 有裂纹：0 分
表面单个气孔	气孔直径 $d \leqslant 0.3s$，且最大为 3mm	4	无缺陷：4 分； 1 个气孔：2 分； 1 个气孔以上或气孔直径超过标准尺寸：0 分
未熔合	不允许	12	无未熔合：12 分； 有未熔合：0 分
未焊透	不允许	10	无缺陷：10 分； 有缺陷：0 分
咬边	$h \leqslant 0.5$mm	10	缺陷总长≤ 5mm：10 分； 缺陷总长≤焊缝总长的 10%：5 分； 缺陷总长 > 焊缝总长的 10% 或深度超过允许值：0 分
焊缝余高（正 / 背）	$h \leqslant 1\text{mm} + 0.25b$，且最大为 5mm	5	$h \leqslant 1$mm：5 分； $h \leqslant 3$mm：3 分； $h \leqslant 5$mm：2 分； $h > 5$mm：0 分
焊缝高低差	≤ 2mm	4	高低差≤ 1mm：4 分； 高低差≤ 2mm：2 分； 高低差 > 2mm：0 分
表面成形		4	成形好（光滑）：4 分； 成形一般：2 分； 成形差：0 分
夹渣	不允许	8	无夹渣：8 分； 有夹渣：0 分
焊穿	不允许	10	无焊穿：10 分； 有焊穿：0 分
焊缝单侧增宽	单侧增≤ 2.5mm	5	单侧增≤ 1.5mm：5 分； 单侧增≤ 2.5mm：3 分； 单侧增 > 2.5mm：0 分
通球 0.85Di	得分：10 分	10	通过：10 分； 未通过：0 分
安全文明	得分：10 分	10	焊后清理、着装、场地清理等，严重违反安全规则，考核成绩记 0 分
考试用时	考试用时超时		每超 1min 从总分中扣 2 分
合计		100	

注：60 分为合格，100 分为满分，凡有以下否定项视作不合格：①焊缝原始表面破坏；②操作时任意更改试件焊接位置；③焊接时间超出规定 15min；④违规操作。s—熔深；b—焊缝理论宽度；h—缺陷尺寸（深度或高度）；通球直径为管内径的 85%。

四、管板骑座式焊缝评分标准

缺陷名称及考核项目	允许程度	分值	得分标准
裂纹	不允许	8	无裂纹：8 分； 有裂纹：0 分
表面单个气孔	气孔直径 $d \leqslant 0.3s$，且最大为 3mm	4	无缺陷：4 分； 1 个气孔：2 分； 1 个气孔以上或气孔直径超过标准尺寸：0 分
未熔合	不允许	12	无未熔合：12 分； 有未熔合：0 分
未焊透	不允许	10	无缺陷：10 分； 有缺陷：0 分
咬边	$h \leqslant 0.5$mm	10	缺陷总长≤ 5mm：10 分； 缺陷总长≤焊缝总长的 10%：5 分； 缺陷总长 > 焊缝总长的 10% 或深度超过允许值：0 分
焊缝高低差	≤ 2mm	5	高低差≤ 1mm：5 分； 高低差≤ 2mm：3 分； 高低差 > 2mm：0 分
表面成形		5	成形好（光滑）：5 分； 成形一般：3 分； 成形差：0 分
焊缝凸度	$h \leqslant 1\text{mm} + 0.25a$，且最大为 5mm	8	$h \leqslant$ 2mm：8 分； $h \leqslant$ 3mm：6 分； $h \leqslant$ 5mm：4 分； $h >$ 5mm：0 分
夹渣	$h \leqslant 0.4s$，且最大为 4mm	8	无夹渣：8 分； 缺陷总长≤ 10mm：3 分； 缺陷总长 > 10mm 或超过允许程度：0 分
角焊缝不对称	$h \leqslant 0.2z$，且最大为 2mm	5	在允许程度范围内：5 分； 超过允许程度：0 分
角焊缝厚度不足	$h \leqslant 0.3 + 0.1a$， 且最大为 2mm	5	$h \leqslant$ 1mm：5 分； $h \leqslant$ 2mm：2 分； 超过允许程度：0 分
通球 0.85Di	得分：10 分	10	通过：10 分； 未通过：0 分
安全文明	得分：10 分	10	焊后清理、着装、场地清理等，严重违反安全规则，考核成绩记 0 分
考试用时	考试用时超时		每超 1min 从总分中扣 2 分
合计		100	

注：60 分为合格，100 分为满分，凡有以下否定项视作不合格：①焊缝原始表面破坏；②操作时任意更改试件焊接位置；③焊接时间超出规定 15min；④违规操作。s—熔深；a—角焊缝厚度；z—焊脚尺寸；h—缺陷尺寸（深度或高度）；通球直径为管内径的 85%。

五、平敷焊评分标准

缺陷名称及考核项目	允许程度	分值	得分标准
焊缝宽窄差	≤ 5mm	10	宽窄差≤ 2mm：8 分 宽窄差≤ 3mm：6 分 宽窄差≤ 5mm：3 分 宽窄差 > 5mm：0 分
焊缝高低差（堆焊表面平面度）	≤ 4mm	10	高低差≤ 1mm：8 分 高低差≤ 2mm：6 分 高低差≤ 4mm：3 分 高低差 > 4mm：0 分
焊缝成形		10	成形好（光滑）：8 分 成形一般：5 分 成形差：0 分
起焊收尾		10	要求融合良好，否则扣 4 分
弧坑	深度≤ 1mm 长度≤ 30mm	10	总长小于 30mm 每 10mm 扣 1 分，不足 10mm 的按 10mm 计 超出允许值：0 分
接头		10	不脱节，不凸高，否则每处扣 4 分
夹渣	深度≤ 0.1mm 长度≤ 3mm	10	允许 3 处，每个扣 2 分 超出允许值：0 分
气孔	直径≤ 2mm 数量≤ 4 个	10	允许小于 2mm 的气孔 4 个，每个扣 2 分 超出允许值：0 分
咬边	深度≤ 0.5mm 咬边总长≤ 45mm	10	两侧咬边总长小于 45mm，每 10mm 扣 1 分，不足 10mm 的按 10mm 计，超出允许值：0 分
安全文明	得分 10 分	10	焊后清理、着装、场地清理等，严重违反安全规则，考核成绩记 0 分
考试用时	考试用时超时		每超 1min 从总分中扣 2 分
合计		100	

注：60 分为合格，100 分为满分，凡有以下否定项视作不合格：①焊缝原始表面破坏；②操作时任意更改试件焊接位置；③焊接时间超出规定 15min；④违规操作。

参考文献

[1] 杨跃．典型焊接接头电弧焊实作 [M]. 2 版．北京：机械工业出版社，2016.
[2] 雷世明．焊接方法与设备 [M]. 3 版．北京：机械工业出版社，2014.
[3] 孙景荣．实用焊工手册 [M]. 3 版．北京：化学工业出版社，2007.
[4] 人力资源和社会保障部．中国高技能人才楷模事迹读本第二辑 [M]. 北京：中国劳动社会保障出版社，2010.
[5] 陈倩清．焊接实训指导 [M]. 哈尔滨：哈尔滨工程大学出版社，2007.
[6] 许志安．焊接实训 [M]. 2 版．北京：机械工业出版社，2016.
[7] 钟诚．金属焊接工 [M]. 北京：煤炭工业出版社，2006.
[8] 杨跃，扈成林．电弧焊技能项目教程 [M]. 北京：机械工业出版社，2013.